版式设计（第5版）

杨敏 编著

Layout Design

電子工業出版社
Publishing House of Electronics Industry
北京 • BEIJING

内 容 简 介

本书是高等学校设计学科各专业的设计基础教材，旨在帮助学生提升平面设计表达能力。本书共9章，内容包括版式架构设计，网格设计，符号设计——点、线、面，版面率与视觉度，版式设计的形式法则，文字的编排构成，图版的编排构成，版面色彩设计，版式设计风格的趋势。

本书可作为高等学校设计学科各专业版式设计课程的教材，也可供对版式设计感兴趣的人员参考。

图书在版编目（CIP）数据

版式设计 / 杨敏编著. —5版. —北京：电子工业出版社，2022.4

ISBN 978-7-121-43303-0

Ⅰ.①版… Ⅱ.①杨… Ⅲ.①版式－设计－高等学校－教材 Ⅳ.①TS881

中国版本图书馆CIP数据核字（2022）第066150号

责任编辑：张　鑫

印　　刷：北京捷迅佳彩印刷有限公司

装　　订：北京捷迅佳彩印刷有限公司

出版发行：电子工业出版社

　　　　　北京市海淀区万寿路173信箱　　邮编：100036

开　　本：787×1092　1/16　印张：11.25　字数：259千字

版　　次：1998年1月第1版

　　　　　2022年4月第5版

印　　次：2025年1月第4次印刷

定　　价：59.00元

凡所购买电子工业出版社图书有缺损问题，请向购买书店调换。若书店售缺，请与本社发行部联系，联系及邮购电话：（010）88254888，88258888。

质量投诉请发邮件至zlts@phei.com.cn，盗版侵权举报请发邮件至dbqq@phei.com.cn。

本书咨询联系方式：zhangxinbook@126.com。

前言

本书注重设计基础版式教学和现代版式风格的探讨，具有双重的教学目的和研究意义。在基础版式教学方面，作为高等学校设计学科各专业的设计基础课程教材，本书主要介绍编排设计思维及方法的基本规则，包括设计架构、网格设计、视觉度、文版、图版等编排方法。版式设计是针对高等学校设计学科本科生的研究设计思维和设计风格方法的设计基础课程，对提升学生的平面设计表达能力起着重要的作用。在现代版式风格方面，本书立足于对现代平面设计风格发展演变的探讨研究，所涵盖理论知识的时代跨越展示了近一个世纪的风格演变，从各时代文化艺术和科技的视角审视当代平面设计风格的演变，也从中透视我国平面设计风格的发展脉络和趋势。

本书从1998年至今已第五次修订，是针对目前国内版式设计教学的极具专业性和指导性的教材，具有知识的跨越性、时代性、专业性和图文匹配的精准性等特点。

（1）知识的跨越性

本书内容涵盖了20世纪西方现代主义的点线面、文字的解构与耗散、国际主义的网格设计、后现代主义的自由个性、中国传统的严谨理性的设计观念、互联网时代数字化的多元设计风格，体现了我国现代平面设计风格由传统严谨向多元风格的转化。

（2）知识的时代性

进入互联网时代，设计的功能和形式已发生了根本改变，视觉设计已由二维平面向三维动态转化。商业传播的数字动态化、设计风格的多元化趋势及二维码数字资源，都是第五版中新增的知识要点及展示方法，体现了时代的设计动态与前瞻性。

（3）知识的专业性

知识的专业性体现在：针对学生在设计前期可能遇到的困难，强化了版式设计的架构训练，即新增了第1章版式架构设计，深化了第2章网格设计；加强了编排的理论知识，即第4章版面率与视觉度；深化和增补了设计方法的知识要点，主要分布在第3、5～8章；紧跟时代发展，新增了第9章版式设计风格的趋势。

（4）图文匹配的精准性

本书力求图文匹配的精准性。图片的优质度一直是本书坚守的原则，也是作者一贯严谨的态度。为了求得精准的图例，作者耗费了大量的时间和心血去寻找和替换，以保证本书出版的质量。只有精准的配图、准确的文字注释，才能更好地增进学生对概念的理解。

本书可作为高等学校设计学科各专业版式设计课程的教材，也可供对版式设计感兴趣的人员参考。

本书由杨敏编著。书中选用了国内外大量资深优秀设计师的作品，在此谨向所有设计作品的作者表示感谢，感谢他们对本书的支持，正是你们不懈的设计探索为本书提供了如此优秀的作品，保证了本书的优秀品质。还要感谢三位研究生：万兆臻、边媛媛和李甜甜，她们为本书的第五次修订查寻了大量图例资料，正因为有她们的帮助才推进了本书的修订工作。

由于作者水平有限，加之编写仓促，错误与疏漏之处在所难免，欢迎读者批评指正。

杨敏

2021年12月

目录

1

第 1 章

版式架构设计

版式架构设计主要帮助学生在版式设计前期对版面架构设计进行思考。版式布局在版式设计过程中至关重要，恰恰又是学生的难点和薄弱点。那么我们在设计前应如何思考，如何选择版式适合的架构及风格，如何进行整体架构设计，版面率占比又是多少呢?

米字格架构帮助我们理解版面构架；单向架构、曲线架构让我们获取简明的结构；重心架构让我们认识高版面率和视觉度；成角架构为我们提供45° 的设计方法；网格架构为我们提供严谨有序的编排方法；整体架构让我们思考设计的全局性；对称架构让我们感受理性稳健的版面特征；图文散构表达一种轻松自由的版式风格。

→ 单向架构
→ 米字格架构
→ 曲线架构
→ 重心架构
→ 成角架构
→ 网格架构
→ 整体架构
→ 对称架构
→ 图文散构

版式架构设计主要帮助学生在设计前期对版面进行整体布局的架构设计思考，从而明确设计方案，避免在设计过程的盲目性，使设计更有思想、方法和组织。开始设计时，先根据设计内容思考应采用什么架构进行设计表达，可画出多个不同的架构草图进行比较，确定方案后再进行设计。本章介绍架构设计的思考方法，包括单向架构、米字格架构、曲线架构、重心架构、成角架构、网格架构、整体架构、对称架构、图文散构。版式架构设计也是每个版面的“视觉导向流程”。

1.1 单向架构

版面单向架构设计是指版面的设计要素在版面中形成单方向主视觉结构，单向架构包括竖向架构、横向架构、斜向架构三种形式。只要我们有架构设计的意识，所有设计元素就都能在其结构下进行组织规划，从而使版面产生简洁清晰的视觉流程。

1.竖向架构

版面元素按竖向垂直的结构编排，竖向架构简洁有序，给人以坚定、肯定的视觉感受。

2.横向架构

版面元素按横向水平的结构编排，横向架构安静平稳，给人以延续的视觉感受。

3.斜向架构

版面元素按斜线的结构编排，斜向架构一般占据版面的两个对角。斜向架构比竖向、横向架构更具有动感活力和关注度高的特点。

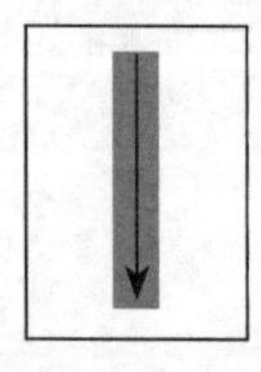

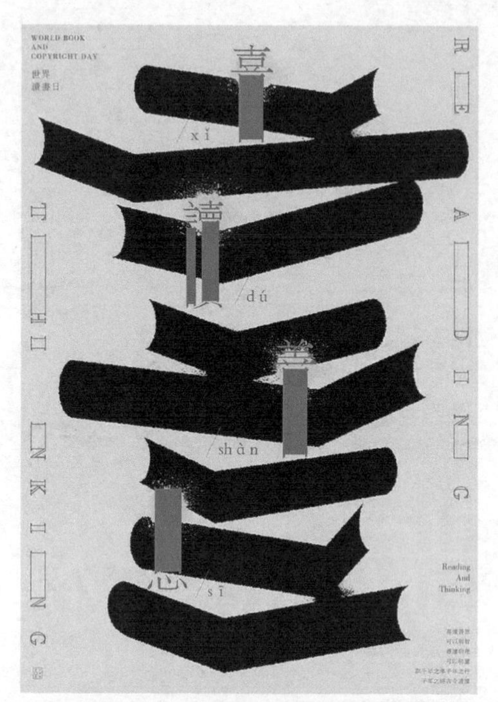

图1-1

图1-2

图1-1 第16届墨西哥国际海报双年展展览海报。书籍居中编排，相对对称，竖向架构，版面两侧细纹装饰。

图1-2 日本平面设计期刊 *IDEA* 第303期书籍内页设计。文本段落与图形由上至下的编排构成竖向架构。

图1-3

图1-4

图1-3、图1-4 杂志内页图片竖向编排设计。图1-3中，人物图片以阶梯式向下依次排版，打破传统的排版方式。图1-4中，多图片需要排版时，设计师巧妙地对图片进行退底处理，编排于画面两侧，使人物图片既丰富又有规划。

图1-5 人物图片从版面左上角排布至右下角，呈现斜向架构。三个杂志内页设计，体现出设计师高超的设计技能。（图片来源：《世界时装之苑》杂志内页）

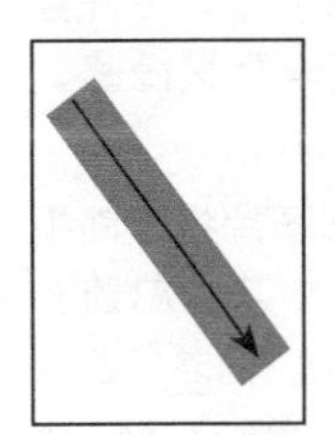

图1-5

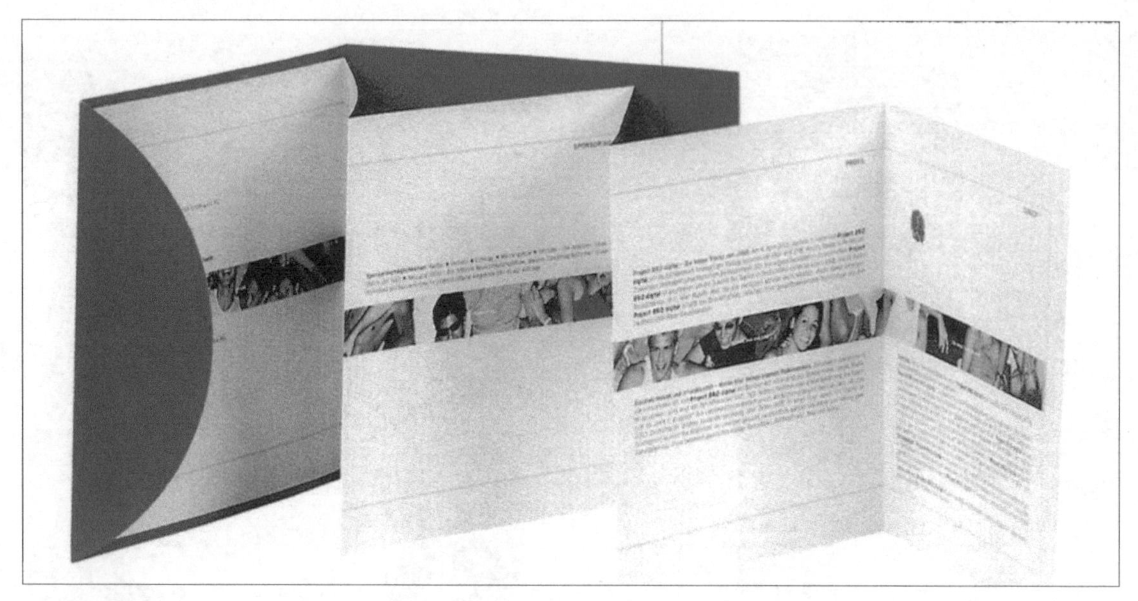

图1-6

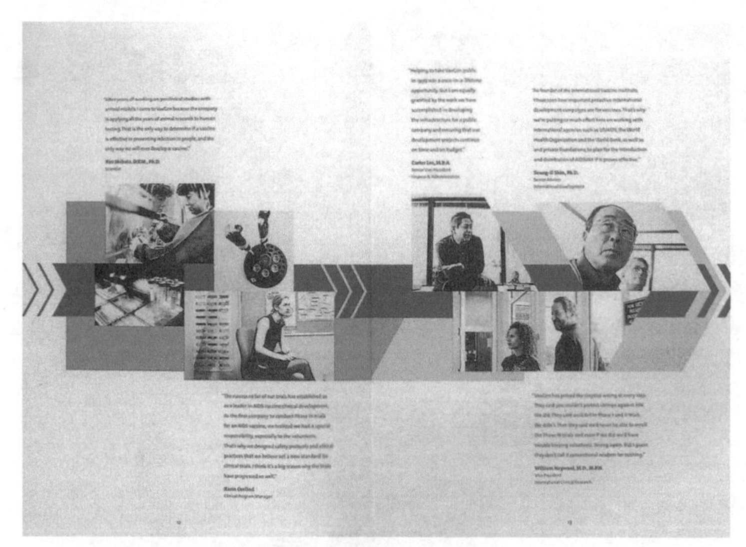

图1-7

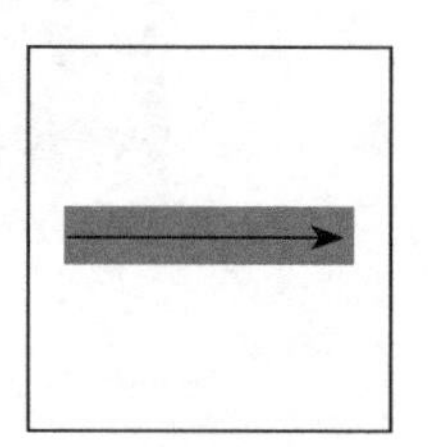

图1-8

图1-6 画册的内页作为一个整体进行设计，文字和图片均居中排布，横向架构。（设计：Patrizia Piepryzk）

图1-7 《VINJE设计公司2000年年报》。左、右页的横向架构将众多图片、色块、箭头整体编排贯穿左、右页，引导视觉流程由左至右，使版面信息既丰富又简略。（设计：Ansreas Keller）

图1-8 文字与报纸图片将版面视觉流程横向引导。（艺术总监：Andrea D' Aquino，创意总监：Nat Whitten，摄影师：Mark Weiss）

1.2　米字格架构：版面四角与中轴四点

1．米字格架构

将版面四角与中轴四点分别按右图架构1连接起来，即产生米字格架构。米字格架构能更好地诠释版面的核心结构要点，能解释更多的版式架构，帮助学生更快速地理解和掌握版式架构的知识，解决学生的设计痛点问题，让设计变得更加容易把握。米字格架构的四角与中轴四点的结构原理简单，运用时可根据设计意图取舍结构点，即产生所需的版式结构。下图为版面中轴结构和米字格架构图，其结构具有严谨而富有变化的特点。

2．四角与对角线架构

版面四角在编排中是非常重要的位置，运用方法也非常多。

（1）将4个角点连接，其斜线的交叉点为版面中心，即视觉焦点（架构2）。但版面的视觉焦点太“中心”会显得呆板，可根据版面需要移动，焦点偏置的版面更生动（架构3），可参见“成角架构”。

（2）版面4个角点多运用占据对角点的结构，如对称式平衡。当占据3个角点时，其中一个一般会弱化；当占据版面4个角点时，会形成对称稳固的架构。除刻意为之外，一般都会强调或弱化某个角点。

3．中轴十字架构

（1）中轴十字架构的视觉焦点居版面中心，具有过于严谨、稳定的特点（架构8）。

（2）非中轴十字架构的视觉焦点不居版面中心，横竖四点可向上、下、左、右随意移动，视觉焦点一般偏离版面中心（架构9、架构10），版面显得更轻松，更符合现代设计的风格特征，因此运用更多。

在米字格架构下，可延展出单向架构（竖向、横向、斜向）、曲线架构、重心架构、成角架构，下面通过图例阐释。

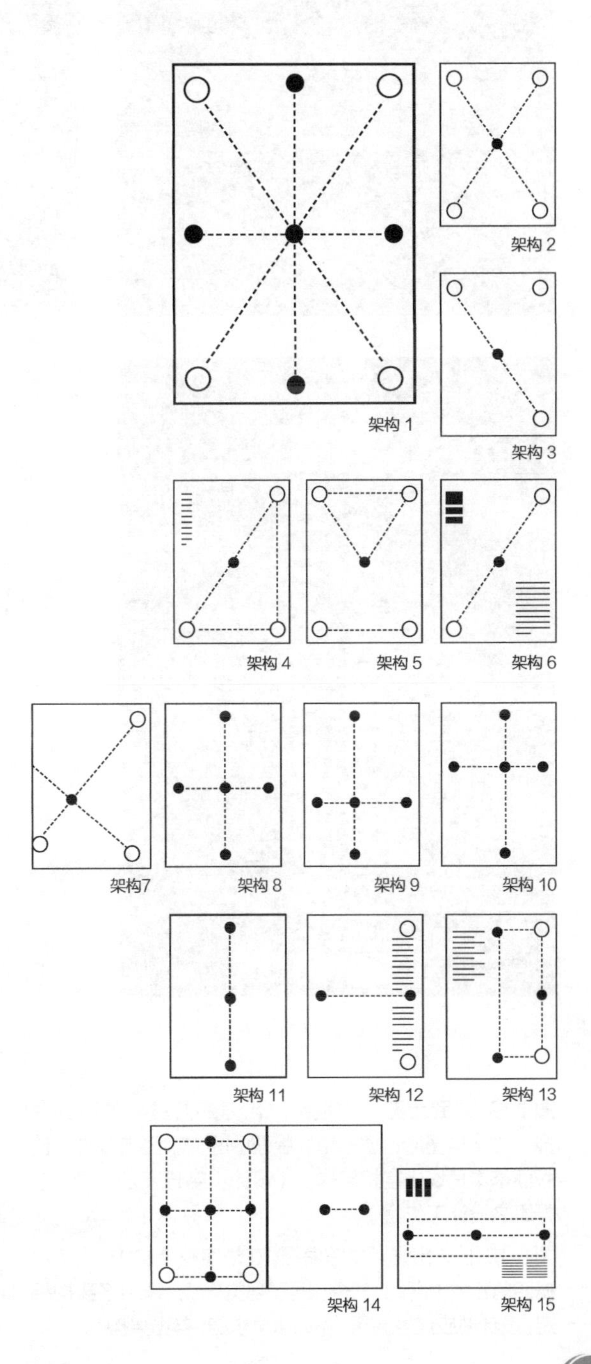

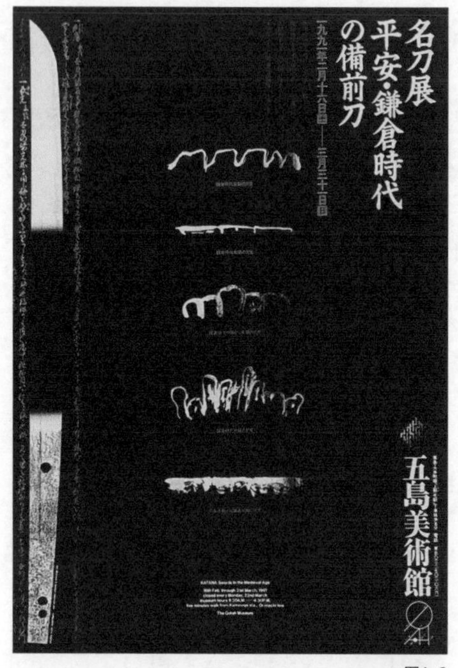

图1-9

图1-10

图1-11

图1-12

图1-9 “武士刀：中世纪时代刃的刀具”展览会海报。文字与图形占据四角，版面中的文字竖向编排，使版面基本呈现米字格架构。（设计：宇野康之，日本宇野康之设计工作室）

图1-10 日本出光美术馆海报。在米字格架构中，文字占据四角和中轴两端，白鹤引导了视觉焦点。米字格架构稳定，设计时应注意轻重，不必求全求稳，参见架构1。

图1-11 版面文字按十字架构编排，参见架构8。（设计：杨敏）

图1-12 无印良品海报。版面架构为中轴十字架构，版面强化了莴苣，横轴上的文字起着平衡的作用， 参看架构8。（设计：新村则人）

图1-13

图1-14

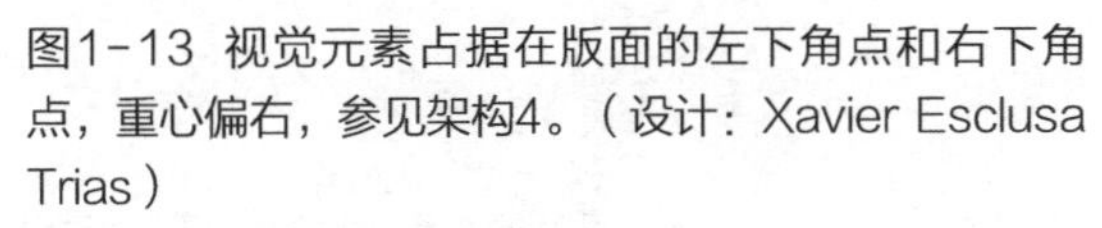

图1-13 视觉元素占据在版面的左下角点和右下角点，重心偏右，参见架构4。（设计：Xavier Esclusa Trias）

图1-14 版面架构将视觉焦点放在右边，焦点边置，参见架构13。（设计：Xavier Esclusa Trias）

图1-15 *New Typo Graphics*书籍内页。版面架构为横中轴线与右垂线，焦点在右上角，参见架构12。

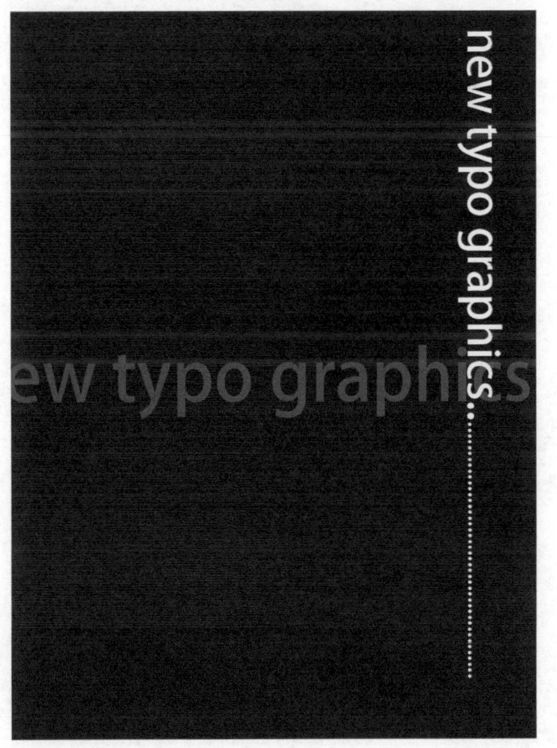

图1-15

1.3 曲线架构

曲线架构是指版面图文元素呈弧线或回旋线运动结构。曲线架构不如单向架构直接简洁，但更具节奏韵味和曲线美。曲线架构的形式可概括为弧线形（如“C”）和回旋形（如“S”）。弧线形具有饱满、扩张和运动的方向感；回旋形更富有旋律和动感。曲线架构比单向架构显得更饱满和富有韵律美和秩序美。曲线架构适合表达运动感强的内容和形式。

图1-17

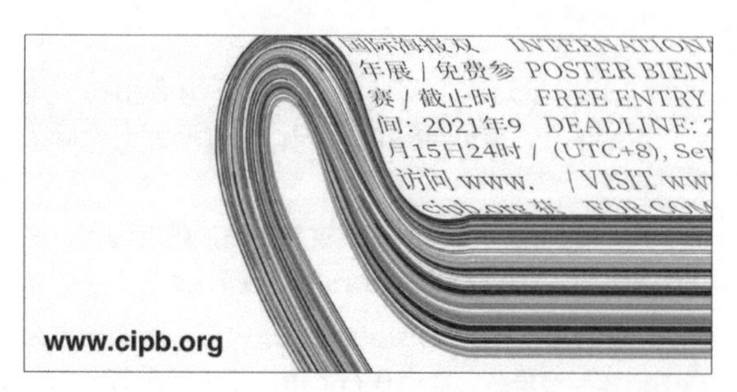

图1-18

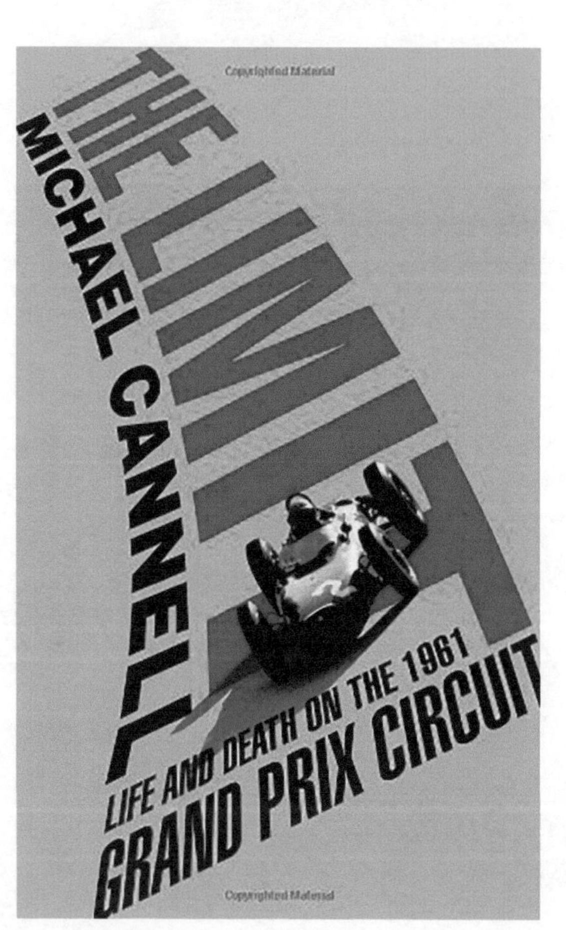

图1-16

图1-16 《极限：1961年大奖赛赛道的生与死》书籍封面。英文字母线条拉长延伸，做弧线形运动，版面架构具有强烈视觉冲击。

图1-17、图1-18 2021第十届中国国际海报双年展征集系列海报。海报主视觉均为律动的曲线，文字信息随每幅海报以不同方向律动的趋势呈现，形式与内容高度一致，尽显曲线之美。（设计：中国美术学院设计艺术学院）

1.4　重心架构

重心有两层含义，一是指视觉元素居中编排；二是文字和图片的版面率为50%以上，版面率越高（达到60%～90%），重心感越强，文字和图片是版面唯一的视觉焦点。重心架构版面构成简明，视觉冲击力极强，也常有聚心或发射的效应，是常见的版式架构，适合商业广告应用。可参见第3章“版面率”内容。

图1-19　人物与文字并置穿插，占据版面中心位置，版面率达到50%左右，画面色调柔和宁静。(设计：澳大利亚平面设计师Josip Kelava，客户：墨尔本舞蹈公司）

图1-20　燕塘广告设计。人物在版面中间位置占据的版面率约75%，具有较强的重心感，且画面色调和谐。（设计：杨敏）

图1-21　MAU x HFG音乐会演讲海报。强烈的红色圆独据版面中心位置，抢尽眼球。（设计：卡尔斯鲁厄国立艺术与设计学院）

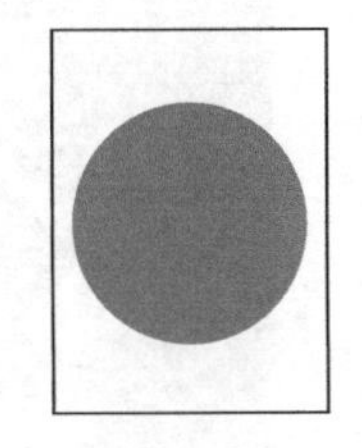

图1-19

图1-20

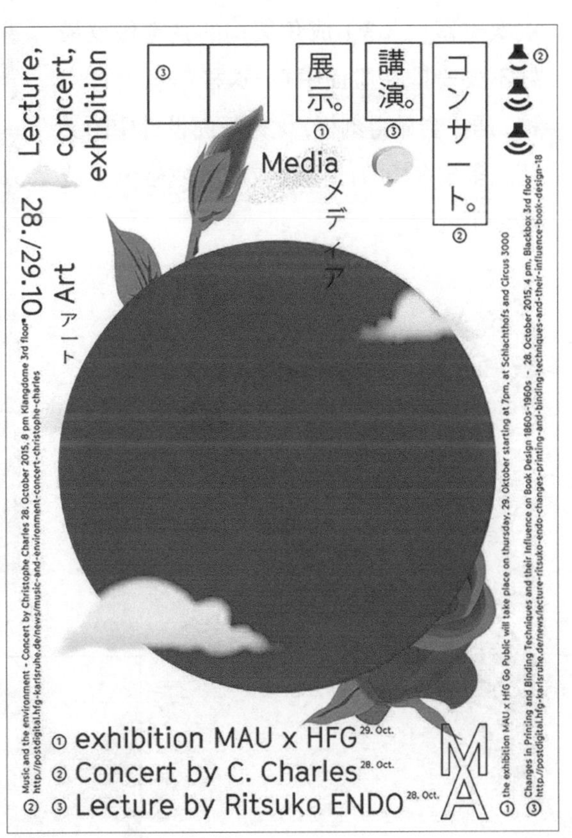

图1-21

1.5 成角架构

成角架构是指文字、图片或色块在版面中都按45° 以倾斜结构排列。其特点是，版面的两条相交的线、文字或色块的交汇点为视觉焦点，具有结构稳固、焦点突出、信息突出、吸引眼球、强劲、理性的风格特征。适合传达某种特别观点信息，应用广泛。

成角架构在编排时，如果版面的导读焦点过于“中心”，则版面略显对称呆板；将导读焦点偏离正中心，版面显得更具活力。编排时应注意：（1）成角架构的文字可沿袭4个方向编排，最好选择其中1个或2个方向进行强调，避免4个方向平均编排；（2）放大标题的视觉度，强化文字的层次感，使版面显得层次丰富；（3）成角架构的视觉焦点最好不要安排在版面中心，这样信息太过对称、居中会显得刻板，优秀版面设计中图文信息多放在中心的偏左或偏右或略偏上或略偏下位置。

图1-23

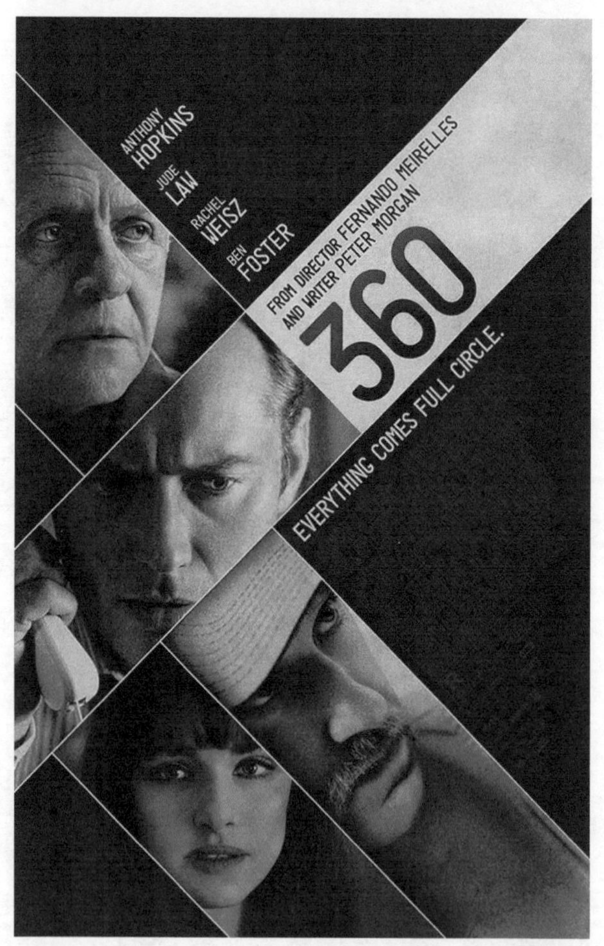

图1-24

图1-22

图1-22 成角架构。红黑色块呈45° 交叉以产生90° 直角，使版面中心焦点感觉强烈。（设计：Bruno Monguzzi）

图1-23、图1-24 《圆舞360》电影海报。版面呈45° 成角架构，被斜线分割的4个负空间大小节奏强烈，避免了对称的呆板。

1.6　网格架构

网格是图片编排的基础。网格结构可分为单栏网格、多栏网格、模块网格、九宫格、层级网格、复合网格和网格创意设计等。一般，文多图少，选择多栏网格；图多文少或以强调图片为主，选择模块网格，如下图所示。但设计师主要还是根据设计内容和策略来视情况选择适合的网格设计。可参见第2章网格设计内容。

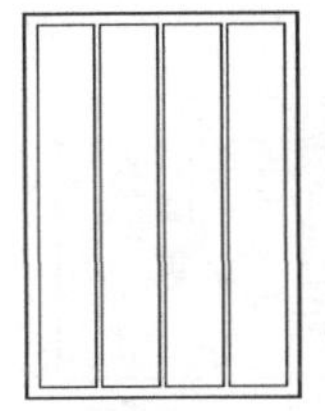

多栏网格

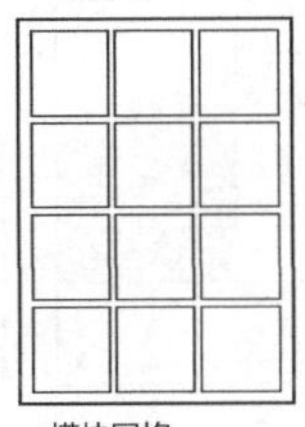

模块网格

网格为设计师及设计元素提供了一个标准的骨骼框架，是一种非常有效的辅助设计工具，使设计变得更有秩序性、连贯性和审美性。网格有一定的规范性，但没有设计的约束性，相反为设计提供了更灵活的创意空间，让设计师的决策过程变得更加简单。

网格架构的风格特征，既有严谨秩序的美，又富有灵活多变的创新性。因此在平面设计中，网格架构是常见的设计方法，尤其在欧美国家平面设计中运用较多，在日本也应用广泛，但在我国的应用较少。

图1-25 日本兵库陶芸美术馆海报。编排图片时应善于运用网格架构，既能获得有序的产品展现，又比较容易把握设计风格。

图1-26 日本正仓院“模仿再现的天平之技”展览海报。采用十二模块网格，每个器物在网格架构下进行编排，每个模块为器物和文本提供位置依据。

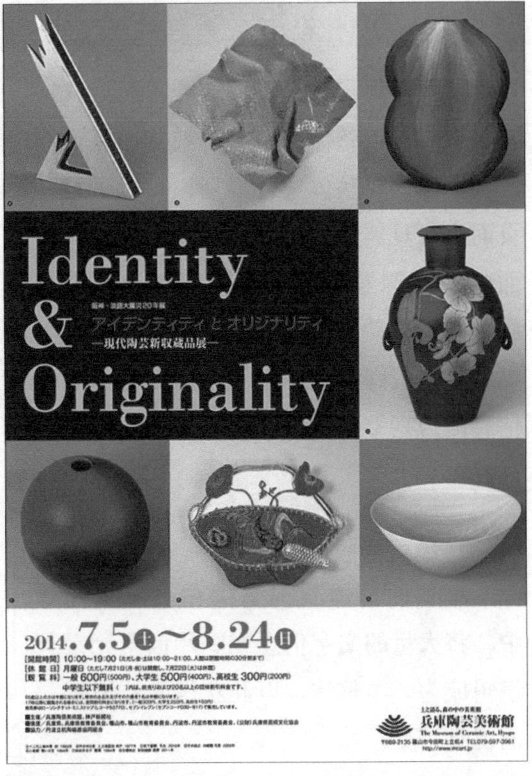

图1-25

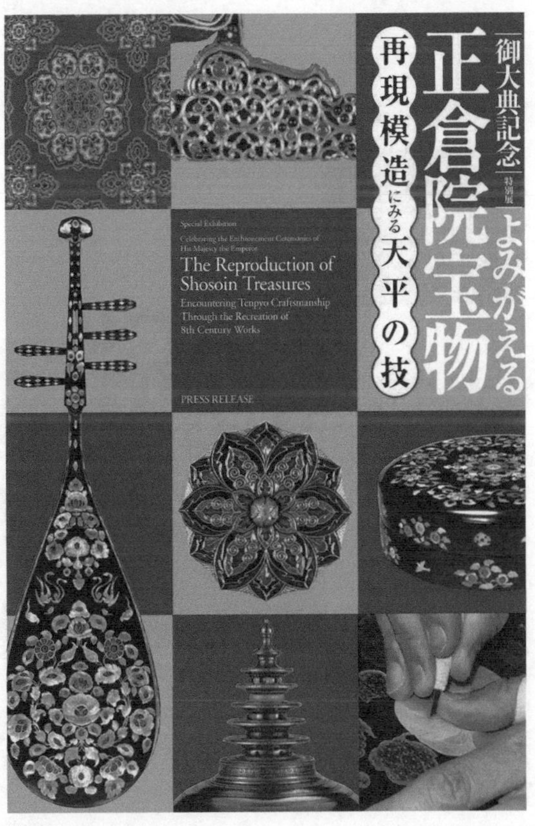

图1-26

1.7 整体架构

连页整体编排是将书籍或手册展开左、右页，以整体组织编排架构。在设计前期，先对整体进行规划，再对延续页面进行具体规划。版面是由点、线、面的设计符号构成的，可以“文图文图”“动静动静”的节奏对比关系来组织编排。版面的整体架构设计有益于多信息的规划整合，以获得良好的整体设计感。

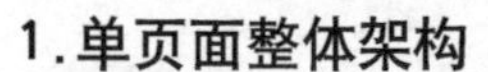

1.单页面整体架构

单页面整体架构是指在一个页面中，将大量的文字信息或图片信息元素编辑成为一个整体，以此获得简洁清晰的视觉感受。

图1-27

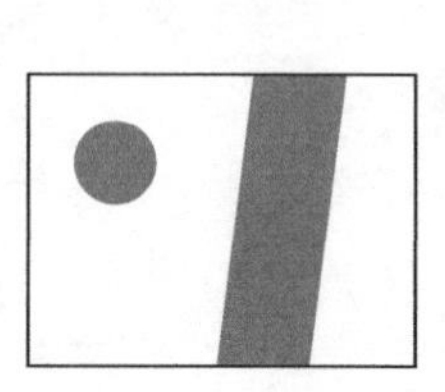

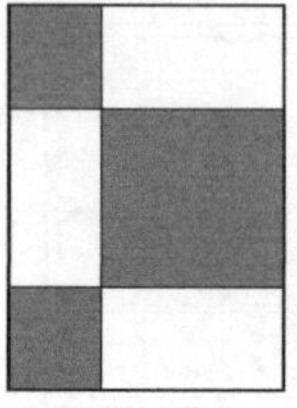

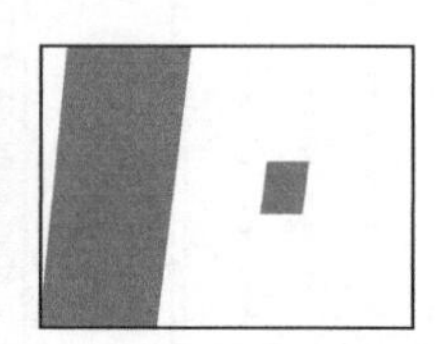

图1-27 在一张自然场景的照片中，先在左、右页分别规划出圆形及倾斜的色块，再将文字信息填入其中。版面鲜明的红色块在场景中脱颖而出，彰显出设计师优秀的整体规划能力。（图片来源：LOWA品牌FUN玩 · 物新品宣传广告）

图1-28 将版面划分成不完全等量的色块，选择最佳视域的色块编辑文字信息，形成文字与色块的整体，富有强烈的艺术感。(图片来源：《青年视觉》2003，内页版式设计）

图1-29 密集的文字信息被规划在左页整体的倾斜空间中，与右页的“H”产生强对比效果。（设计：Max Miedinger）

图1-28

图1-29

图1-30

图1-31

图1-32

图1-33

图1-34

图1-30～图1-33 燕塘乳业谷物酸奶系列海报。该系列海报统一采用弧线进行整体分割，增强海报的设计感，这也是商业海报设计时常用的一种方式。（设计：杨敏）

图1-34 金帝糖果海报。飘带将两侧视觉要素进行分割，使得版面信息十分简洁，呈现出斜向架构。可以看出设计师的设计底蕴十分深厚，他具有丰富的版式设计经验。（设计：杨奕）

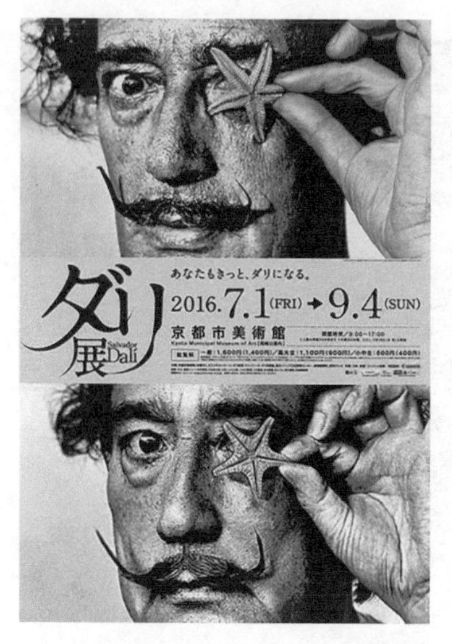

图1-35

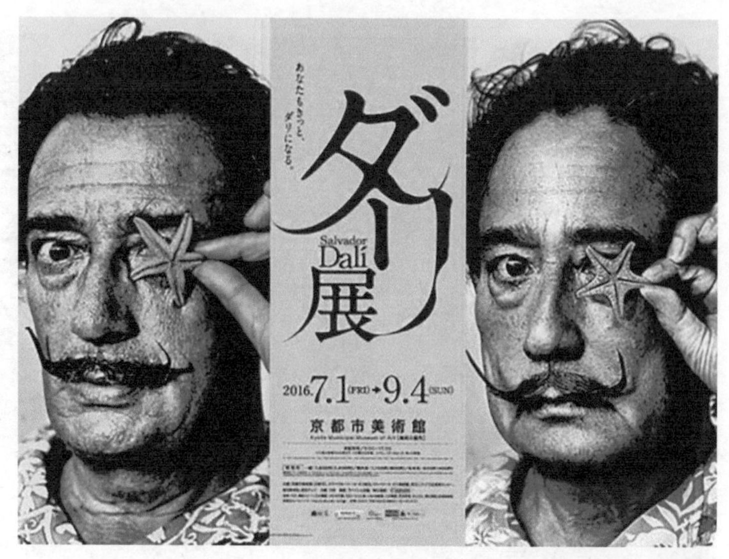

图1-36

2.连续页面整体架构

在折页设计时必须做整体架构的设计思考，强化结构布局，加强折页的对比与节奏，或文版图版重复的节奏，或色块对比的节奏，或图形大小、页面空满、强弱的节奏等，增强延续页面设计的艺术性。

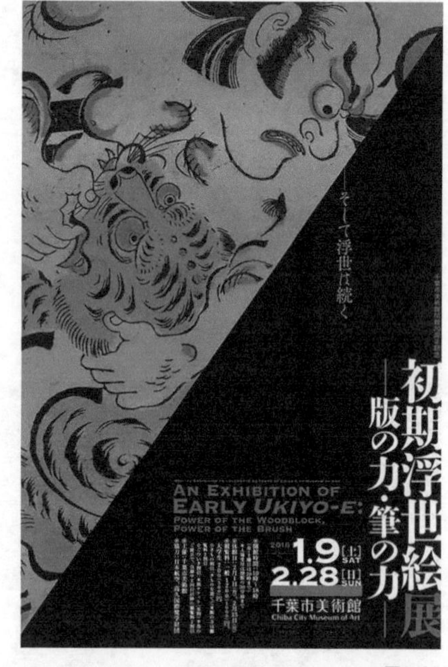

图1-37

图1-35、图1-36 日本京都美术馆达利展览海报。海报的文字信息整体规划在达利头像的黄色块中，放大的人物头像虽吸引眼球，但黄色块和信息在灰色调的烘托下更显张力。（设计：卢大柴）

图1-37 日本千叶市美术馆初期浮世绘展览海报。设计师利用斜向架构将图片和文字对角分割，视觉信息简洁清晰。（图片来源：日本千叶市美术馆）

图1-38 折页整体设计。红绿底色交替布局，文字在页面中按横竖横竖、小大小大依次编排，增强页面节奏感。（设计：Nathan Joseph）

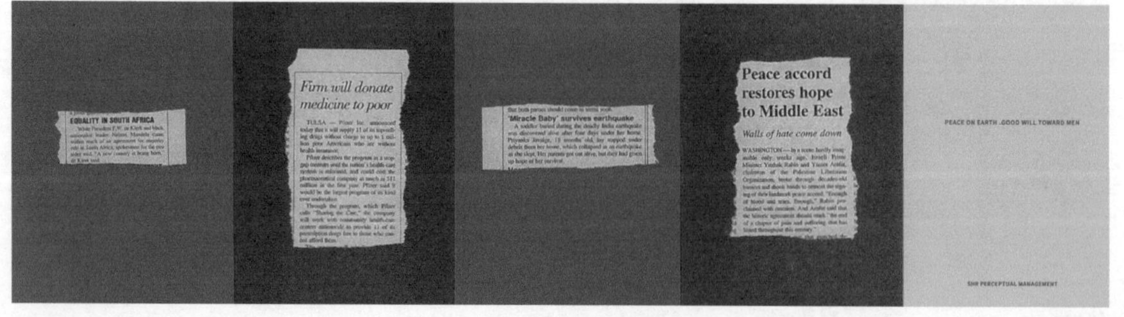

图1-38

1.8　对称架构

对称架构是一种规则严谨的组织结构，即沿着中心线左右或上下对称安排图片和文字信息。对称架构结构严谨，具有庄重大方、理性稳健的风格特征。中国传统版式采用对称架构比较多，这种设计结构学生也容易把握，运用时力求内容与形式的和谐统一。如果觉得绝对对称结构使版面显得呆板，也可采用相对对称结构，使版面既对称又能达到平衡。

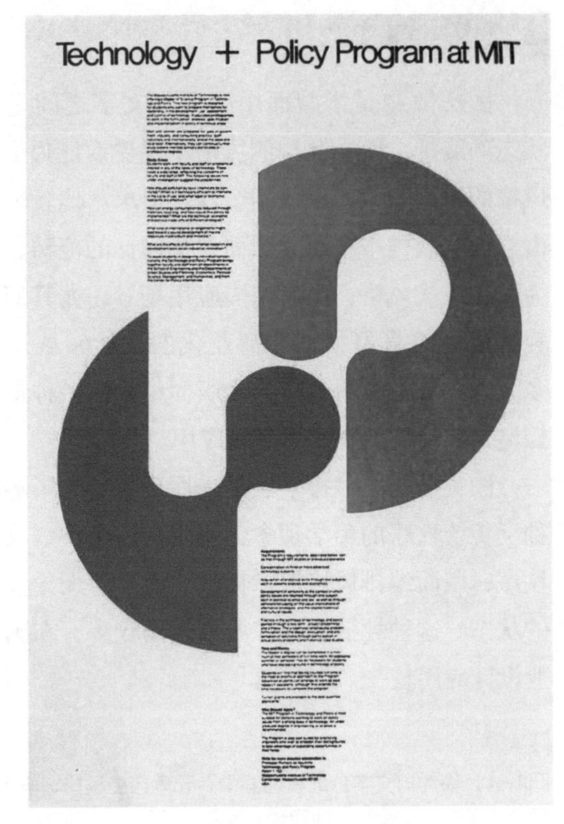

图1-40

图1-39

图1-39 对称式架构。版面以文字中轴线为基准，左、右两个青花瓷瓶对称放置，结构稳定。（自编图例）

图1-40 技术与政策计划宣传海报。采用非对称与平衡的版式。红蓝图形、文字按中轴左右编排，形成非对称式平衡的结构。（图片来源：日本兵库陶芸美术馆）

1.9 图文散构

图文散构是指版面中图形与文字之间呈分散状态的编排。图文散构的风格主要受设计师个性化风格的影响较大，以表达个性化追求，比较轻松自由。图文散构本不属于版面架构设计的范畴，但作为一种版式风格，也有许多应用场景，尤其迎合年轻人的风格喜好，在非商业化的设计领域运用较多。因此，本章只将其作为版面编排的一种形式来探讨，以便学生全面思考和应用。

图文散构的编排手法是受后现代观念影响的一种反传统秩序的美学理念，主张自由个性、反逻辑秩序，版面编排风格追求耗散、无序、无导读流程的状态。这种耗散风格在西方运用较多，在国内商业设计应用较少。

图1-41 物件与文字分散在画面中，元素自由编排，表现设计师个人风格。（设计：何塞普•罗曼•巴里）

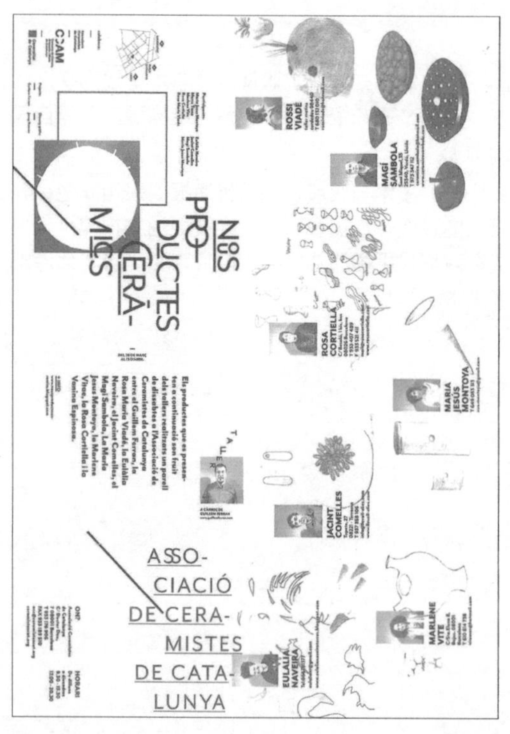

图1-41

教学目标及要求

本章主要探讨设计前端对版面进行整体编排的架构问题，通过对版式架构设计理论知识的学习，让学生掌握版式架构设计的方法，并快速建立起自己对架构设计的认知思考，避免盲目设计。

教学过程中应把握的重点

本章介绍的设计方法都很重要，都需要学生掌握，才能在设计时灵活运用。单向架构具有简明的结构特点；米字格架构用于解析版面四角和中轴四点的结构关系，探寻版面编排结构的多样变化；曲线架构富有运动感；重心架构一般具有版面率高和冲击力强的特点；成角架构具有强焦点的特点；网格架构用于获取版面的秩序美与灵活性；延续页面的整体架构用于把握展开页面的对比与节奏关系；对称架构具有严谨规则的特点；图文散构追求自由的风格。

思考与练习

1. 你平时在编排设计中常碰到的困难及问题有哪些？本章的设计方法对你有哪些帮助？

2. 架构设计有哪些设计方法，它们的风格特点是什么？

3. 请解析不同版式架构设计及设计师的编排构想。

4. 版式架构设计练习。根据本章所学知识，请画出20张版面架构设计的草图。

2

第 2 章

网格设计

网格设计是版面设计的骨骼，也是平面设计的一种有效的手段和方法。设计师借助网格来组织版面的设计元素，网格系统为设计师提供组织元素与平衡元素的依据和工具，它不仅赋予设计秩序感、标准化与审美性，而且使设计过程变得更容易和更有创新性，是平面设计中必须掌握的设计基础工具。

网格系统被广泛应用于各类平面设计，如书籍、报纸、期刊、广告及网页等。

→ 网格的概述

→ 单栏与多栏网格

→ 模块网格

→ 九宫格

→ 层级网格

→ 复合网格

→ 网格创新设计

2.1 网格的概述

20世纪初，在建立黄金分割和斐波那契数列为基础的数学逻辑后，现代主义建筑大师柯布西耶发展出一套模度系统作为网格的雏形。之后，瑞士现代主义的设计师经过长期的研究与实践，将网格设计发展成一种成熟且被广泛应用于平面设计的重要工具。由于网格系统严谨的逻辑美学符合标准化的编排应用设计，因此网格设计在世界各国被广泛运用，故也称之为国际主义的平面设计风格。随着网格系统的不断发展与完善，延伸出更多的网格类型和方法，本章主要介绍几种常用网格类型：单栏网格、多栏网格、模块网格、九宫格、层级网格、复合网格及网格创新设计。网格系统作为平面设计的重要工具，被广泛应用于各类平面设计，如书籍、报纸、期刊、广告、产品宣传册及网页等。

网格设计也称“分割设计”或“骨骼设计”。在亚洲，日本是最早学习和运用网格设计的国家。20世纪80年代末，日本学者到中国与当时的八所美术学院进行了一次关于骨骼设计的学术交流，此后网格设计才开始在国内高校传播。1998年，本书第一版首次将网格设计方法纳入了设计教学，但当时网格设计在高校设计教学中并未得到重视，直到近几年才被学术界更多人士所关注和研究。

网格是版面设计的辅助设计工具，为版面所有设计元素提供了一个标准的骨骼框架，使设计变得更有秩序性和连贯性。同时，网格为设计提供了更灵活的创意空间，让设计师的决策过程变得更简单。但网格为设计师创作只提供了设计基准框架，设计师既可按标准网格编排，也可突破网格的约束或进行多种网格的复合组织编排。总之，网格为设计师提供的是一种设计的辅助工具，不具有约束性，但是在骨骼的基础上为设计师提供了更大的发挥空间。

2.2 单栏与多栏网格

单栏网格又称手稿或通栏网格，是最基本的网格类型，单个矩形确定了版心和页边距。这类网格适合大量的延续文本，如书籍、论文、文书、报告等。

多栏网格主要分为横向分栏和纵向分栏。如下图所示，以常见的分栏为例。

（1）横向分为：通栏、横向双栏、横向三栏、横向四栏等。

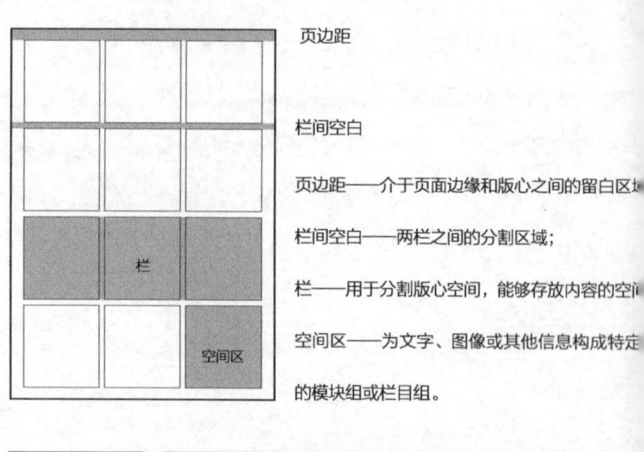

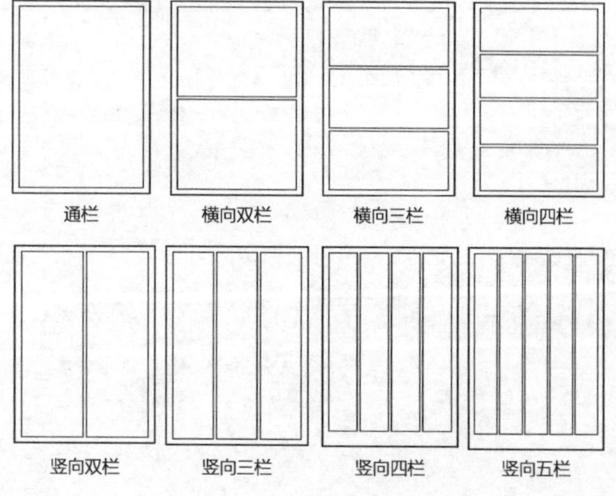

（2）纵向分为：竖向双栏、竖向三栏、竖向四栏、竖向五栏等。

多栏网格常用于报纸、期刊或展示设计等。多栏网格比单栏网格在设计上有更多的灵活性，在栏空间的范围内可根据需要任意编辑图文。栏越多，灵活性越强，图和文可在栏间编排，也可跨栏编排，亦可整合多栏整体布局。

图2-1

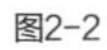

图2-2

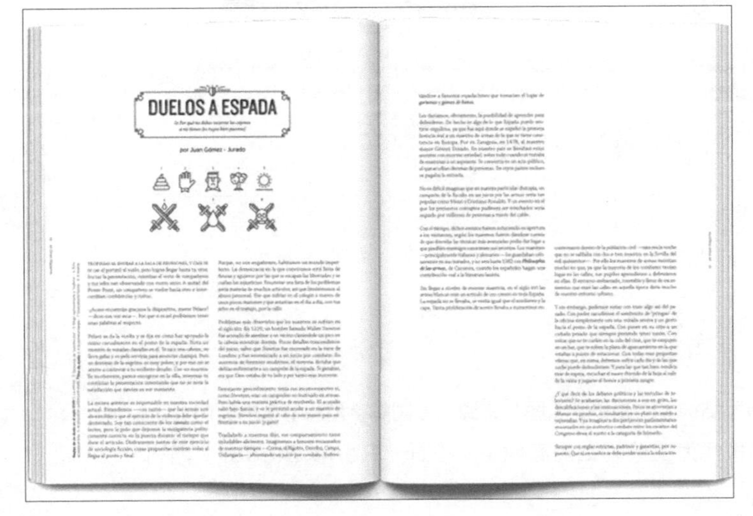

图2-3

图2-1 横向三栏版式，竖排文本格调高雅。这种版式风格比较少见。（自编图例）

图2-2 横向四栏版式，竖排文本适宜高端读物。（自编图例）

图2-3 竖向双栏，标题图片跨越两栏，整个版面非常严谨。（图片来源：西班牙 *Jot Down* 当代文化期刊版式设计）

Grid systems

A grid can be simple or complex, specific or generic, tightly defined or loosely interpreted. Typographic grids are all about control. They establish a system for arranging content within the space of page, screen, or built environment. Designed in response to the internal pressures of content (text, image, data) and the outer edge or frame (page, screen, window), an effective grid is not a rigid formula but a flexible and resilient structure, a skeleton that moves in concert with the muscular mass of content. Grids belong to the technological framework of typography, from the concrete modularity of letterpress to the ubiquitous rulers, guides, and coordinate systems of graphics applications. Although software generates illusions of smooth curves and continuous tones, every digital image or mark is constructed—ultimately—from a grid of neatly bounded blocks. The ubiquitous language of the gui (graphical user interface) creates a gridded space in which windows overlay windows. In addition to their place in the background of design production, grids have become explicit theoretical tools. Avant-garde designers in the 1910s and 1920s exposed the mechanical grid of letterpress, bringing it to the polemical surface of the page. In

A grid can be simple or complex, specific or generic, tightly defined or loosely interpreted. Typographic grids are all about control. They establish a system for arranging content within the space of page, screen, or built environment. Designed in response to the internal pressures of content (text, image, data) and the outer edge or frame (page, screen, window), an effective grid is not a rigid formula but a flexible and resilient structure, a skeleton that moves in concert with the muscular mass of content. Grids belong to the technological framework of typography, from the concrete modularity of letterpress to the ubiquitous rulers, guides, and coordinate systems of graphics applications. Although software generates illusions of smooth curves and continuous tones, every digital image or mark is constructed—ultimately—from a grid of neatly bounded blocks. The ubiquitous language of the gui (graphical user interface) creates a gridded space in which windows overlay windows. In addition to their place in the background of design production, grids have become explicit theoretical tools. Avant-garde designers in the 1910s and 1920s exposed the mechanical grid of letterpress, bringing it to the polemical surface of the page. In Switzerland after World War II, graphic designers built a total

The typographic grid is a proportional regulator for composition, tables, pictures, etc. It is a formal programme to accommodate x unknown items. The typographic grid is a proportional regulator for composition, tables, pictures, etc. It is a formal programme to accommodate x unknown items.

Grid systems

A grid can be simple or complex, specific or generic, tightly defined or loosely interpreted. Typographic grids are all about control. They establish a system for arranging content within the space of page, screen, or built environment. Designed in response to the internal pressures of content (text, image, data) and the outer edge or frame (page, screen, window), an effective grid is not a rigid formula but a flexible and resilient structure, a skeleton that moves in concert with the muscular mass of content. Grids belong to the technological framework of typography, from the concrete modularity of letterpress to the ubiquitous rulers, guides, and coordinate systems of graphics applications. Although software generates illusions of smooth curves and continuous tones, every digital image or mark is constructed—ultimately—from a grid of neatly bounded blocks. The ubiquitous language of the

A grid can be simple or complex, specific or generic, tightly defined or loosely interpreted. Typographic grids are all about control. They establish a system for arranging content within the space of page, screen, or built environment. Designed in response to the internal pressures of content (text, image, data) and the outer edge or frame (page, screen, window), an effective grid is not a rigid formula but a flexible and resilient structure, a skeleton that moves in concert with the muscular mass of content. Grids belong to the technological framework of typography, from the concrete modularity of letterpress to the ubiquitous rulers, guides, and coordinate systems of graphics applications. Although software generates illusions of smooth curves and continuous tones, every digital image or mark is constructed—ultimately—from a grid of neatly bounded blocks. The ubiquitous language of the

A grid can be simple or complex, specific or generic, tightly defined or loosely interpreted. Typographic grids are all about control. They establish a system for arranging content within the space of page, screen, or built environment. Designed in response to the internal pressures of content (text, image, data) and the outer edge or frame (page, screen, window), an effective grid is not a rigid formula but a flexible and resilient structure, a skeleton that moves in concert with the muscular mass of content. Grids belong to the technological framework of typography, from the concrete modularity of letterpress to the ubiquitous rulers, guides, and coordinate systems of graphics applications. Although software generates illusions of smooth curves and continuous tones, every digital image or mark is constructed—ultimately—from a grid of neatly bounded blocks. The ubiquitous

The typographic grid is a proportional regulator for composition, tables, pictures, etc. It is a formal programme to accommodate x unknown items. The typographic grid is a proportional regulator for composition, tables, pictures, etc. It is a formal programme to accommodate x unknown items.

图2-4

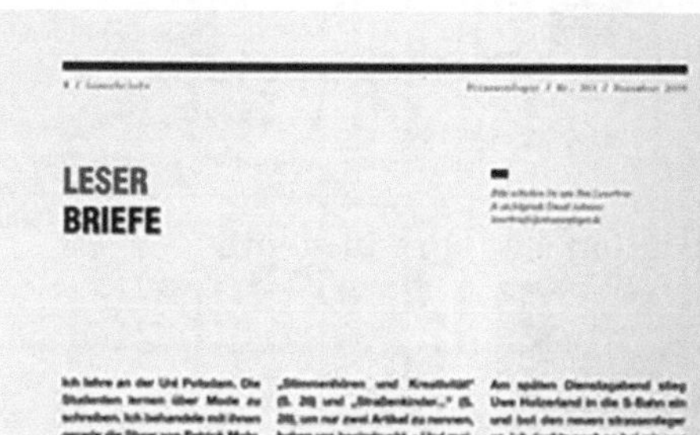

ICH WILL IMMER HOCH HINAUS, ABER KOMME NUR BIS ZU ZIMMERDECKE

DAS STRECKEN NACH DER ZIMMERDECKE DRÜCKT NICHT NUR BRUCHS KÄMPFERISCHEN HUMOR AUS, ES IST GANZ KONKRET DAS, WAS ER IN SEINER KÜNSTLERISCHEN ARBEIT BETREIBT.

图2-5

图2-4 网格线将正文内容清晰划分，版面结构显而易见。（图片来源：《圆解字型思考》书籍内页）

图2-5 左、右页均为三栏。文本起排线为三分之二的高线。（设计：Rene Bieder，期刊*Strassenfeger*视觉形象设计）

2.3 模块网格

模块网格由横竖多栏相叠而成，版面呈现方块形态。如右图所示，常见的模块网格有四模块、六模块、八模块、九模块、十二模块、十六模块、二十模块、二十四模块、三十模块、五十模块等。模块网格比多栏网格划分更多，适合编排更复杂的插图和文本。模块越多，骨骼越细，设计的灵活性就越强，但网格的计算比较麻烦。网格有助于建立版面的秩序感、条理性，增强版面逻辑美感，多用于报纸、期刊、广告等。

例如，杂志展开时，左、右页内容尽收眼底。设计时，模块网格以双页为整体单位，设计需要整体思维。

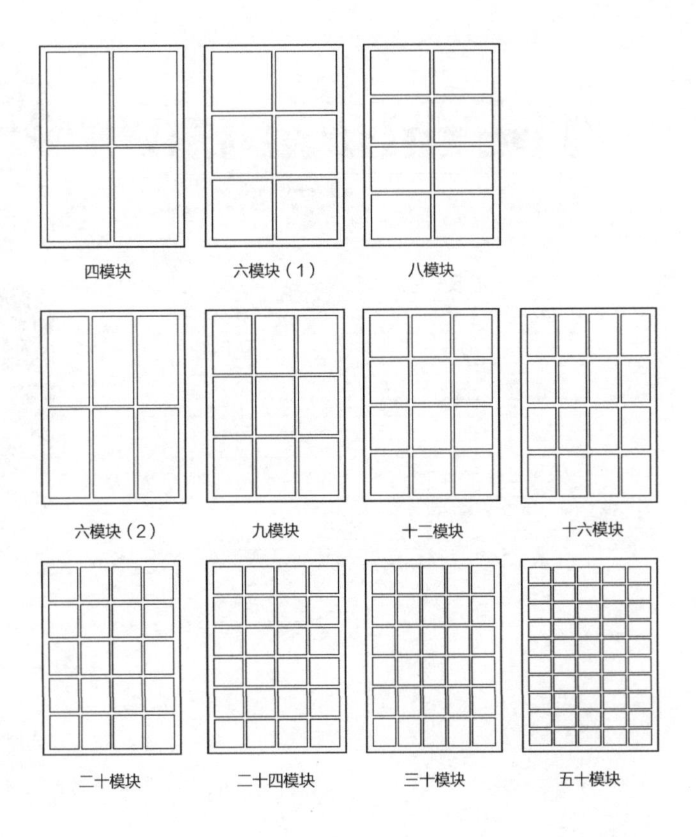

图2-6 十模块网格设计。一般八模块以上的网格设计都比较少见，在日本运用较多。（图片来源：*IDEA* 第301期内页版式）

图2-7 中国香港中文杂志内页设计。十二模块网格设计。

图2-6

ELLEHOROSCOPE

图2-7

图2-8

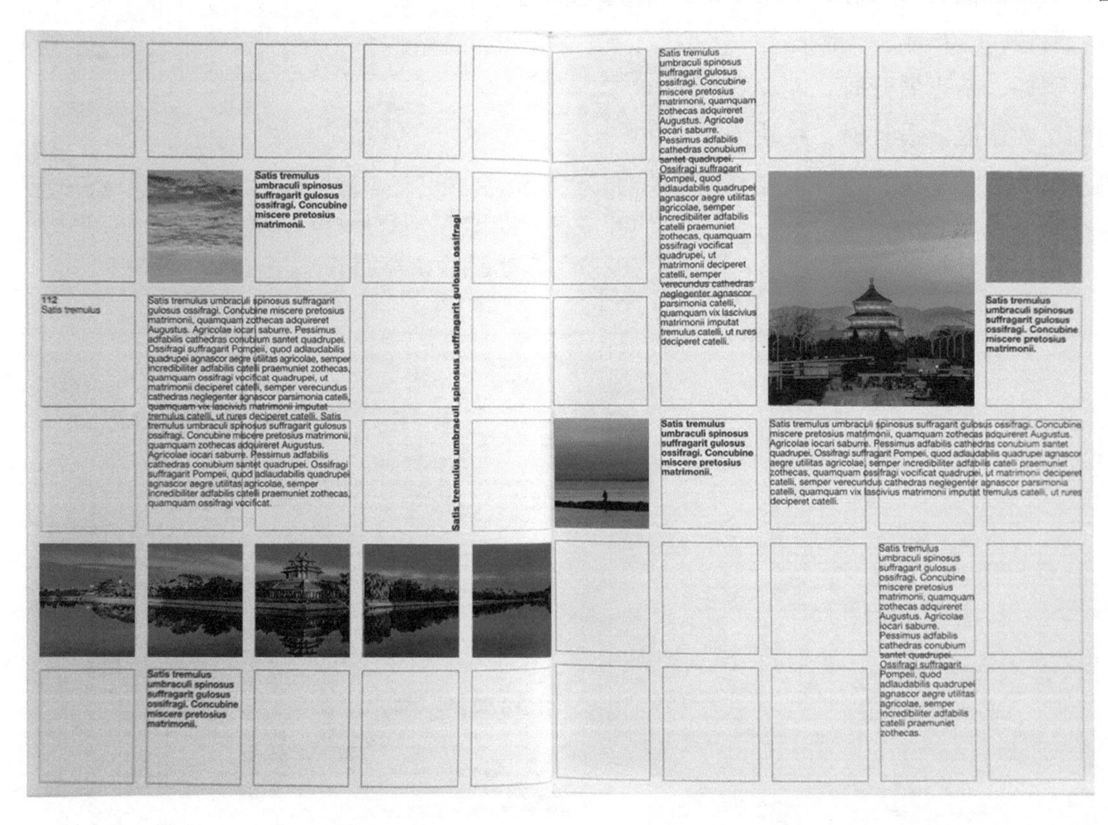

图2-9

图2-8 伦敦地铁150年纪念书籍排版设计。左页为四栏网格，右页为模块网格。文本严谨、简洁；图片严谨有序。模块分割线越明显，对图片的约束力就越强，显得严肃刻板。

图2-9 版面中图片和文本版面率不高，有更多的空间发挥设计创意，版面风格显得灵活。此版面特意显示出网格，能更好地解析网格设计的架构和方法。（原图改编）

2.4　九宫格

九宫格的基本骨骼是模块网格，九宫格结构简明，能处理较丰富的图文信息，获得较好的视觉效果，因而常被独立运用。九宫格是非常简明的网格，学生容易掌握和运用。

九宫格自然形成一个交汇中心块，也是版面的视觉中心，在其中安排文字信息，焦点非常突出。九宫格的结构严谨稳定，设计时不必拘于网格，既要有网格的意识，又要突破网格、整合网格，这样我们便可以灵活与自由地运用九宫网格进行设计，而达到简略的艺术效果。传统设计的视觉焦点习惯导向版面中心，而现代设计观念的视觉焦点往往放于中心偏上、下、左、右的位置。

九宫格应用的合并样式如右图所示。在运用九宫格进行排版时，可以根据图片数量及文字大小对单位网格进行合并舍取，灵活自由使用。

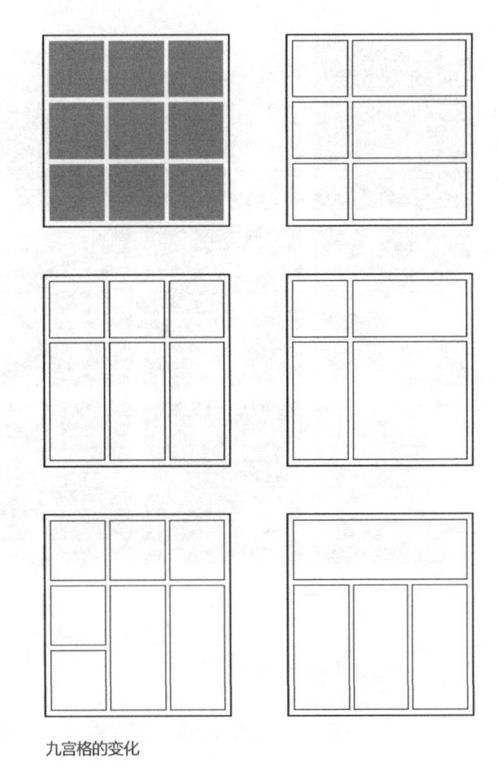

九宫格的变化

图2-10、图2-11 图片在九宫格中被色块叠压，设计巧妙 。（设计：Lenife Bernstein、Nicholas Hubbard）

图2-10

图2-11

图2-12

图2-13

图2-14

图2-12、图2-13 美国航空公司旅游手册。利用九宫格分割的设计，两图在九宫格基础上进行了二次划分，具有层级网格的因素。层级网格合并与细分让设计得以深化，令版面产生更丰富的层次和细节信息，同时色彩的运用增添了阅读的趣味和设计的层次感。

图2-14 *Communication Arts Design Annual* 第36期封面设计。封面采用12个模块，设计师合并上方三个模块来编辑标题，在下方的九宫格中植入图片。

2.5　层级网格

层级网格是指在模块网格的基础上合并模块或渐近划分序列模块，使模块产生更有大小层次的空间变化，更加生动，为寻求网格的多样性变化提供了有效的解决方案，如下图所示。层级网格的运用与大多数情况下网格的划分是一致的，只有小部分采用层级划分，起到深化和丰富骨骼及信息的作用。另外，在合并的大模块中编辑图片或文字能得到更好的强调效果，并使其成为版面的视觉焦点。

层级网格在平面印刷版面设计中应用比较广泛，同样也适合网页设计。

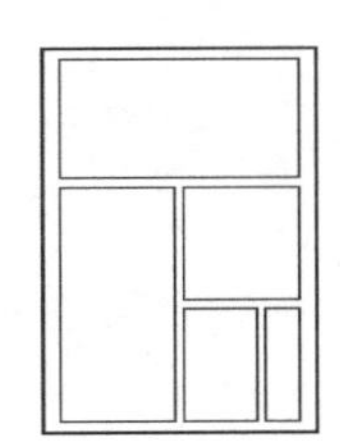

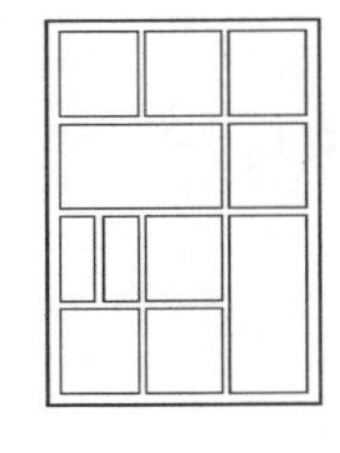

层级网格

图2-15

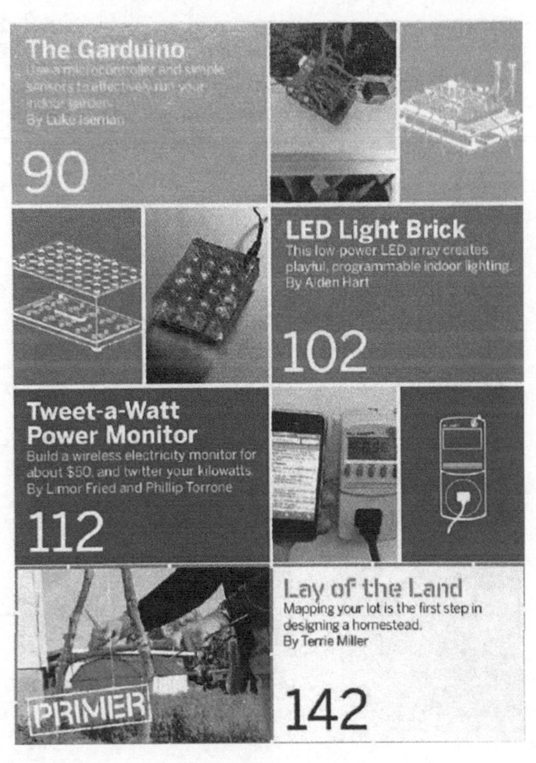

图2-16

图2-15 通过合并模块及划分模块，产生不规则层级网格，使版面空间更富于变化。（自编图例）

图2-16 《设计配色基础》书籍内页。利用色块把图片划分层级，整个版面是对层级网格的合理诠释。

2.6 复合网格

合理利用网格，我们可以设计出井然有序的版面，但完全按照规则的网格按部就班地编排容易造成刻板的现象，缺少灵活性。网格提供了框架，但同时也约束了设计师的创意。网格设计并非千篇一律，关键在于如何在大量不变因素与可变因素之间寻找平衡，通过不同的组合与编排方式，创作灵活且富有生气的版面，而这种具有丰富形式的网格可称为“复合网格”。

复合网格是多个网格系统的集成，如双栏、三栏与四栏的复合，三栏与模块网格的复合。复合网格多适用于期刊、画册这些信息量大的内容编辑。复合网格的设计中，变化小的版式，网格明晰可见；变化大的版式，依然也能辨析出部分网格的痕迹。

图2-17

图2-18

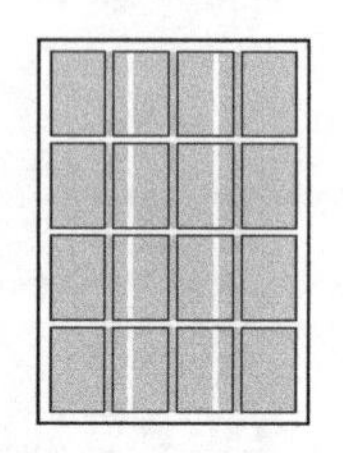

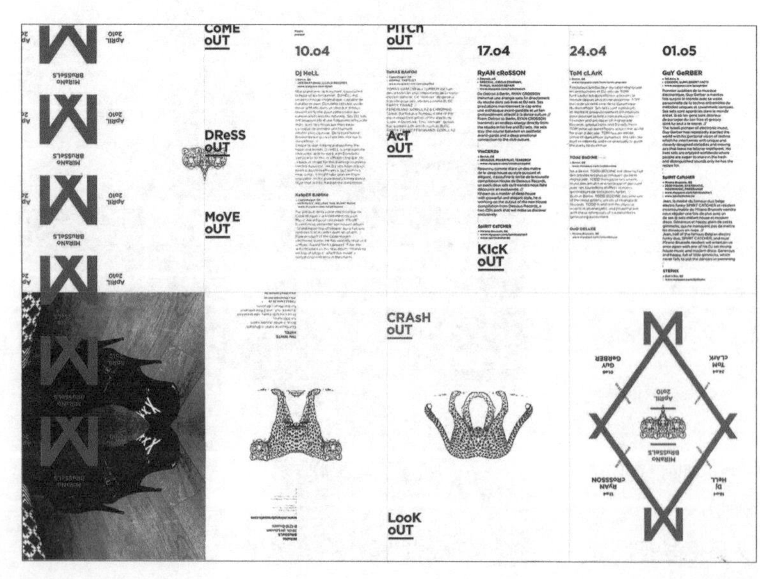

图2-19

图2-17 左页为四栏网格设计，左侧第一栏留白透气、烘托图片；右页为二十模块网格设计。图片与文字在格状结构中显得秩序规范。(图片来源：《平面设计中的网格系统》书籍)

图2-18 左页为复合网格，在三栏网格中，上部文本占两栏，下部文本分三栏。右页文本居中，与左页形成对比。（图片来源：赫尔辛基艺术设计学院的季刊 *Arttu* 内页版式设计）

图2-19 版面上下共16栏，对图文信息量较大的内容，采用分栏是最好的方法，使图文能得到更有序的编排。（设计：Pam&Jenny工作室）

April 13-19, 2018 | europe.chinadaily.com.cn

CHINA DAILY

中国日报 EUROPEAN WEEKLY

INSIDE

Racing against time with bamboo p18

Face reading gets AI touch p25

World of post-'90s adults

ASIA

'FRESH AIR'

President Xi says everyone will benefit from a more attractive investment environment

"Human history shows that openness leads to progress, while seclusion leaves one behind."

PRESIDENT XI JINPING

A staged "water wedding" of the post-'90s at a village in Zhejiang.

图2-20

Quimera

'La trama nupcial' entre la vigencia y superación de los códigos románticos

Bienvenido 1965: ya se puede visitar 'La Menesunda' de Marta Minujín

'Es posible porque es posible' en PROA

La proximidad emocional de Sufjan Stevens

Nada para exponer: muestra de arte con salas vacías

图2-21

图2-20 主题为筑巢我们的家园。版面整体呈现出五栏结构，左边插画与标题横跨四栏，占据较大空间。下边又将四栏合并成为两栏进行编排。设计师一改以往黑白新闻版面，用插画完美地诠释了中国美学，改变我们对传统报纸的认知。此版还获得了英国报业年度奖，最佳国际报纸奖。（《中国日报》海外版，主任编辑/插画师：李旻）

图2-21 西班牙《客迈拉》杂志。这是一幅以五栏网格为主的报版，图片横跨四栏。版面在网格的基础上变化比较丰富，设计效果较好，能看出设计师具有良好的设计素质。

图2-22 此版为混合网格，四栏与三栏结合再划分出四栏，示意图如下图所示。混合网格显得丰富而有变化。（设计：利兹艺术学院）

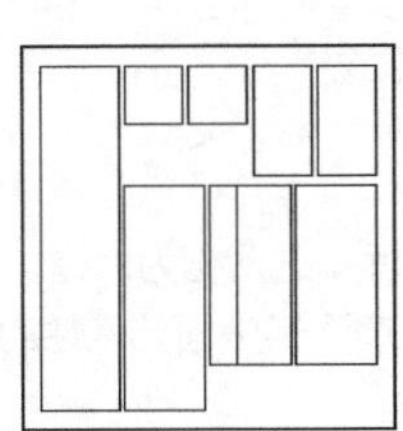

About the College

Facilities

Open Events

Life in the City

Enterprise

Student Union

Student Profile

Student Profile

What Next?

Courses

Leeds College of Art

图2-22

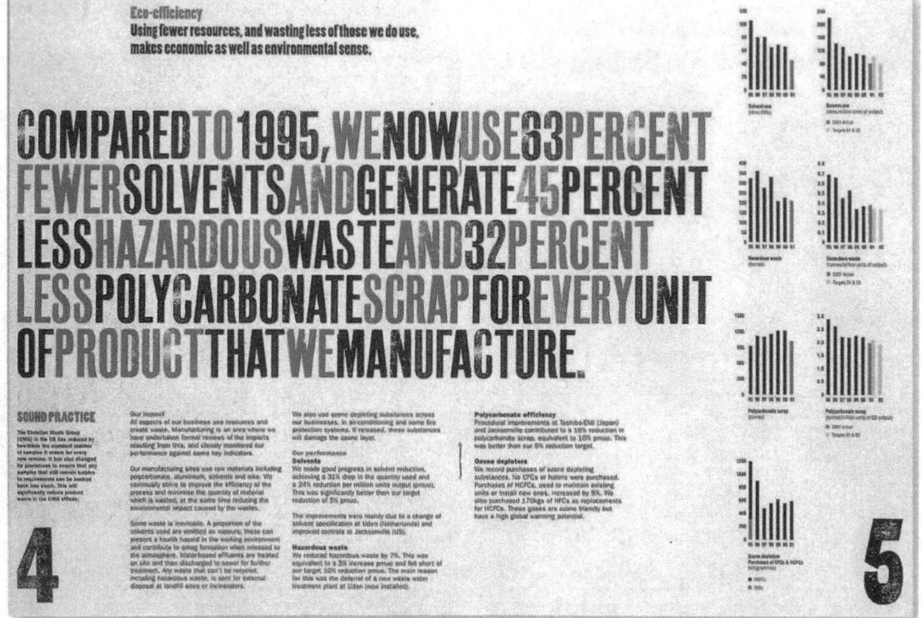

图2-23

图2-23 这是一个比较复杂的网格版面。左、右页基础网格合为十栏网格，页面标题跨越了八栏，右页图表占据两栏。（设计：Ivan Angell）

2.7 网格创新设计

早期的网格设计风格多为标准的、严谨的，在经历了国际主义长期严谨理性的审美风格之后，千篇一律的网格设计风格已被求新求变的新一代消费大众所厌弃，人们已不再满足这种冷漠、非人性化、高度理性化的设计原则，力图追求富有生气、自由变化的设计风格。标准化网格设计的方法在慢慢发生变化，如在多栏网格中寻求空间的变化，或在同一版面中使用多种网格的混合运用，通过合并、取舍部分网格寻求新颖个性的风格。这种富于变化的设计方法称为“多栏网格”或“复合网格”的创新设计。今天，我们很少能见到标准严谨的网格样式，更多的是以复合网格构成的版面。无论复合网格如何演变，我们都能辨析出网格的脉络痕迹，这种富有秩序美又灵活的设计手法依然影响着今天的版式设计和未来的趋势。

图2-24

图2-24 版面基础网格为六栏，设计师用心设计了对角线的编排，增强了版面艺术性的表达。（设计：Vajza N' kuti）

2-25

图2-26

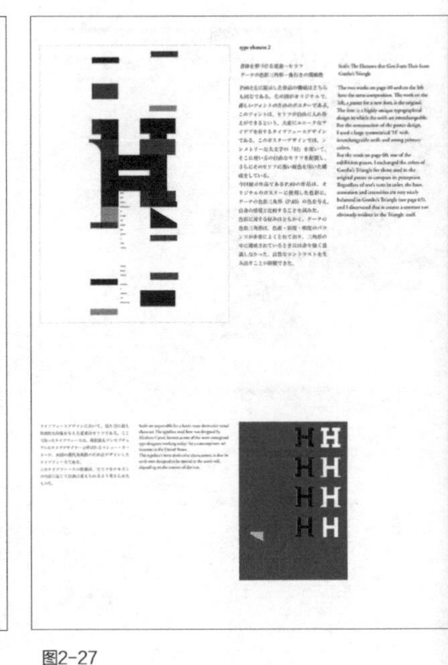

图2-27

图2-25 四栏网格版面。设计师巧妙
将左边两栏进行合并留白，右上角合
并，增强画面设计感。（图片来源：
IDEA，301，2003.11，欧文书体设
计，第85页）

图2-26 三栏网格版面。设计师有意
空出右上方和左下方的空间，左下方
标题有较强的视觉度。（图片来源：
IDEA，305，2004.7，欧文书体设
计，第13页）

图2-27 版面率约为50%，文版约为
0%。四栏网格，文版编排灵活，留
白空间较多。（图片来源：*IDEA*，
01，2003.11，欧文书体设计，第
1页）

图2-28

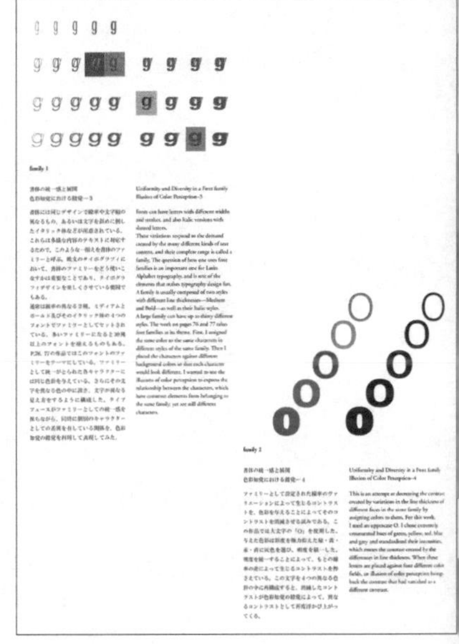

图2-29

图2-28、图2-29 版面率约为60%，四栏网格，图文元素分别占据左上角和右下角，设计师精心布局，留出左下和右上的空间设计，使版面保持了平衡式对称的结构。版面“空间的成功设计”增强了版面的空间感、对比性和艺术性。（图片来源：*IDEA*，301，2003.11，欧文书体设计，第63、78页）

图2-30

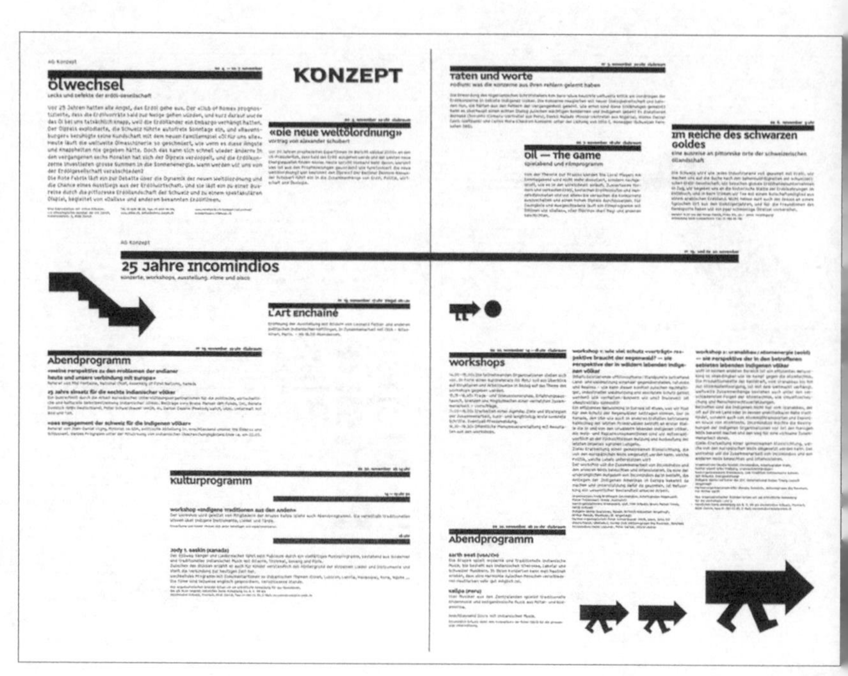

图2-31

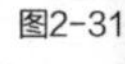

图2-32

图2-30 版面的结构很复杂，上部分为三栏网格，下部分为不规则的分栏。版面上紧下松、上静下动，图片的编排与下方的文字群的流程关系是设计师的精心设计。（图片来源：*IDEA*，305，2004.7，欧文书体设计，第110页）

图2-31 版面为左、右页面的整体设计。版面粗视复杂，细读有网格脉络。版面基础网格由三栏和不均等的两栏自由构成，在段首上均施加不等的粗线，强化了版式风格，给人秩序和自由的感觉，体现设计师力图突破网格的理性刻板，寻求新颖个性的设计。（图片来源：*IDEA*，305，2004.7，欧文书体设计，第110页）

图2-32 版面为三栏网格。留白与符号是用心的设计。注意，版面中的叉、圆点和箭头是设计师特意安排的趣味装饰。（图片来源：*IDEA*，305，2004.7，欧文书体设计，第108页）

图2-33

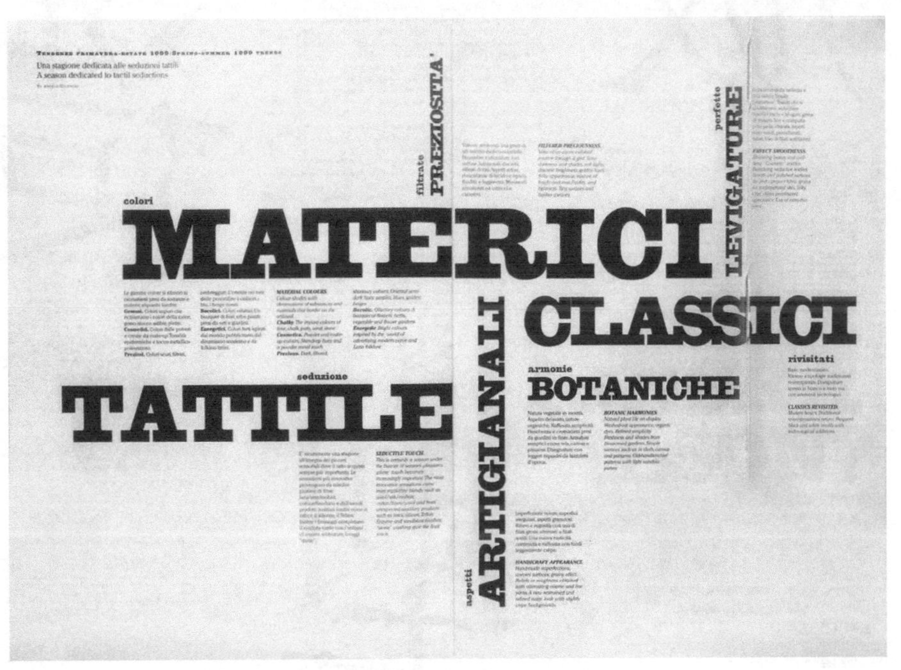

图2-34

图2-33 版面为双栏网格，而栏的上下又有小小的错落，使版面严谨而不失活泼。（图片来源：*IDEA*，305，2004.7，欧文书体设计，第79页）

图2-34 版面中的网格变化十分丰富，理性中不失活跃。黑色文字标题跨越多个网格，且形成横向、竖向的组合编排，具有较强的视觉度，增强画面视觉冲击。（设计：Giona Maiarelli）

文字排版是通过字体、字号、字距、行距、栏宽、版式来做出形状。本展标题所谓的“排版造型”是指包括在页面上将这种文字排版进行摆放配置、构成的空间在内的各种造型。尽管可以将“排版造型”替换成“字体排印”这一设计术语，但是我想，把焦点再集中一些会更易于理解，因此为这次策划展的名字配上了“排版造型”这个词。＊二十世纪八十年代初左右，当我还懵懂不清时，就开始涉足字体排印的世界。标志、美术字、活版印刷术、字体及其历史、书籍设计等等，在字体排印范畴内的这些内容都非常有魅力，但其中最吸引我的还是文字排版。比起活字本身的美，文字活字排出其状态的质地和造型、构成与构造，以及这样的排版所描绘出的纸面上的风景，对于我来说比任何造型作品都显得更有魅力。＊字体排印中的造型，是为达到易认与易读而形成的结果，排版造型本身并没有语言传达的本质。但是，包括字体形状在内的各种排版的造型中，存在着时代的感性和技术、历史的记忆、身体能感知到的具有压倒性量的非语言信息。文本被这些非语言信息赋予“形状”之后，就能发挥出其作为视觉语言的功能。＊读者在阅读文本后，会自行发挥内部想象力，在脑海中想象、描绘出各种场面或情景。对于语言传达来说，理想的“图景”应该像这样由读者分别自行描绘而成，这个过程中可能并没有排版形状可介入的余地。但是，可是，尽管如此，我依然还是想对排版的形状再多讲究一下。翻过书页的一瞬间、阅读文本前的一瞬间，仅仅的那一点时间里，排版会与读者邂逅。就在那时，文本是否充满了期待和预感——我觉得排版造型的意义，都集中在这一点上了。

排版

2021.9.28 TUE–11.18 Thur

Typography derives from the elements of typeface, point size, spacing between letters, spacing between lines, block width and block layout. The title of this exhibition, "Typographic Composition", indicates design that includes the space in which the typeset lettering is arranged and configured on the page. ＊I entered the world of typography in the early 1980s without any previous knowledge or preparation whatsoever. Every category attributed to typography I found attractive: logotypes, lettering, letterpress printing, typefaces and their history, book design, etc. But among them all, the one that attracted me most was typesetting. More than the beauty of the type itself, it was the texture and form of the set types, its layout and structure, and the scene depicted by the typeset lettering on paper that seemed to me more attractive than any work of design. ＊Composition in the context of typography is the end result that supports visual clarity and legibility; the design of the typeset itself in its essence is not an element of linguistic communication. However, in the design of the typesetting, including the form of the typeface, there exist the sensibilities and techniques of the times, historical memory, plus an overwhelming volume of physically perceived non linguistic information. The text takes shape through this non linguistic information and fulfills a function as a visual language. ＊When the reader reads a text, imagination is set in motion internally and a situation or scene is depicted in the mind's eye. The ideal "portrait" in terms of linguistic communication is in this way created differently within each reader, and perhaps there is no room here for the form of the typography to intervene. And yet, even so, I am extremely particular, to an irrational degree, about typographic form. The instant a page is turned, the moment just before the reader reads the text, in that ever so slight window of time, the typography has an encounter with the reader. Whether or not the text, at just that time, is replete with expectation or premonition depends, I believe, entirely on the significance of the typographic composition.

现代字体排印研究系列 Research Series on Modern Typography
Typographic Composition, Yoshihisa Shirai
from International Style to Classic Style and to *idea*
从国际风格到古典样式再到《idea》
白井敬尚

平面设计师，武藏野美术大学视觉传达设计专业教授。
1961年生于日本爱知县丰桥市。经株式会社 Graco（宫崎利一团队，1981年至1987年）、株式会社正方形（清原悦志主理，1987年至1998年）之后，于1998年成立白井敬尚形成事务所，从事书籍设计、编辑设计、展会宣传等以字体排印为中心的设计工作。1990年至2011年，参与Ryobi Imagix字体部品牌设计；2005年至2014年，担任设计杂志《idea》（诚文堂新光社）的艺术总监负责设计。2017年、2019年分别在东京ggg画廊、京都ddd画廊举办“排版造型　白井敬尚”展览。

学术主持：哀由敏
策 展 人：张弥迪
展览协调：高　原
翻　　译：刘　庆

主办单位：中国美术学院中国国际设计博物馆
协办单位：白井敬尚形成事务所、ggg画廊
研究支持：学习组、The Type
合作支持：方正字库、CYP艺术纸、美升纸业
视觉设计：聿书堂（张弥迪、刘婉婷）
媒体支持：Design360、陆俊毅设计现场

地址：中国美术学院（象山校区）中国国际设计博物馆1号厅
开馆时间：每周二至周日9:30—16:30（16:00停止入场）
社会公众需提前通过“中国国际设计博物馆”微信公众平台预约参观。预约成功后，务必按照预约时间段从中国美术学院象山校区南门通过“专用参观直达通道”步行入校，并在设计博物馆入口处购票入馆。进场前，观众需出示预约时使用的有效身份证原件、预约码和杭州健康绿码，核验后经体温测量未见异常方可入馆。参观结束后，校外观众原路返回出南门离开学校。本校师生凭“企业微信校园绿码”入馆，无需预约。
咨询服务前台：0571-8720 0881

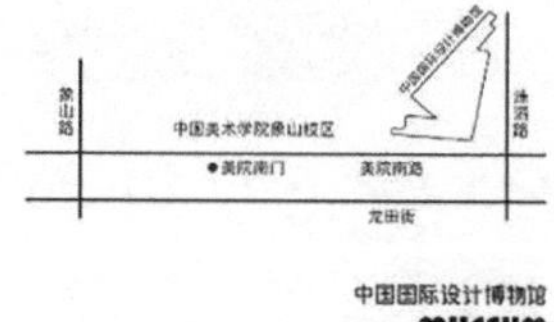

中国国际设计博物馆
MUSEUM CHINA DESIGN

图2-35

图2-35 版面框架为三栏网格，右上角在两栏的基础上合并，再分成横向网格。（设计：白井敬尚）

图2-36

图2-36 从版面呈现的五栏文本判断，版面的基本栏为八栏。在八栏网格中，部分文本按栏的规则紧密编排，留出空间加大文本字号和色块的装饰配置，强化版面对比是设计师的用心之处。尽管版面率达80%，但五栏文本字号小、色彩弱，在版面整体呈现虚空，让我们感觉不到版面很满，这是版面强弱对比的结果。设计巧妙。（设计：耶鲁学院）

教学目标及要求

通过对本章网格设计知识的系统学习，学生可以了解网格设计是国际上现代平面设计的一种重要设计手段，设计师借助网格能轻松自主地编排版面。学生必须掌握网格设计的理论知识和方法，了解网格设计对今天平面设计和互联网设计产生的作用和意义。学习网格设计，可为提高学生的平面设计能力打下良好基础。

教学过程中应把握的重点

网格设计的几种常规编排方法都非常重要，要求学生掌握，包括多栏网格、模块网格、九宫格、层级网格、复合网格、网格创新设计。

思考与练习

1. 网格设计的基本概念及重要性是什么？

2. 常见的网格设计方法有哪几种？有什么特点？

3. 读图。本章图例都经过精心选择，每张图例都十分优秀，都充分体现了网格知识点的精髓，读完能增进读者对网格设计的理解和对设计师构想的了解。注意，要先“读图”再看图解。先自己读图分析，看自己能读到、悟到多少；再看图例解析，以此锻炼分析与思考能力。

拓展——网格的应用

多栏网格和模块网格是基础性结构，在使用时，设计师可以根据版面要素，如文本、图片等，对单位网格进行合并舍取。以十二模块和十六模块为例，变化如下图所示。

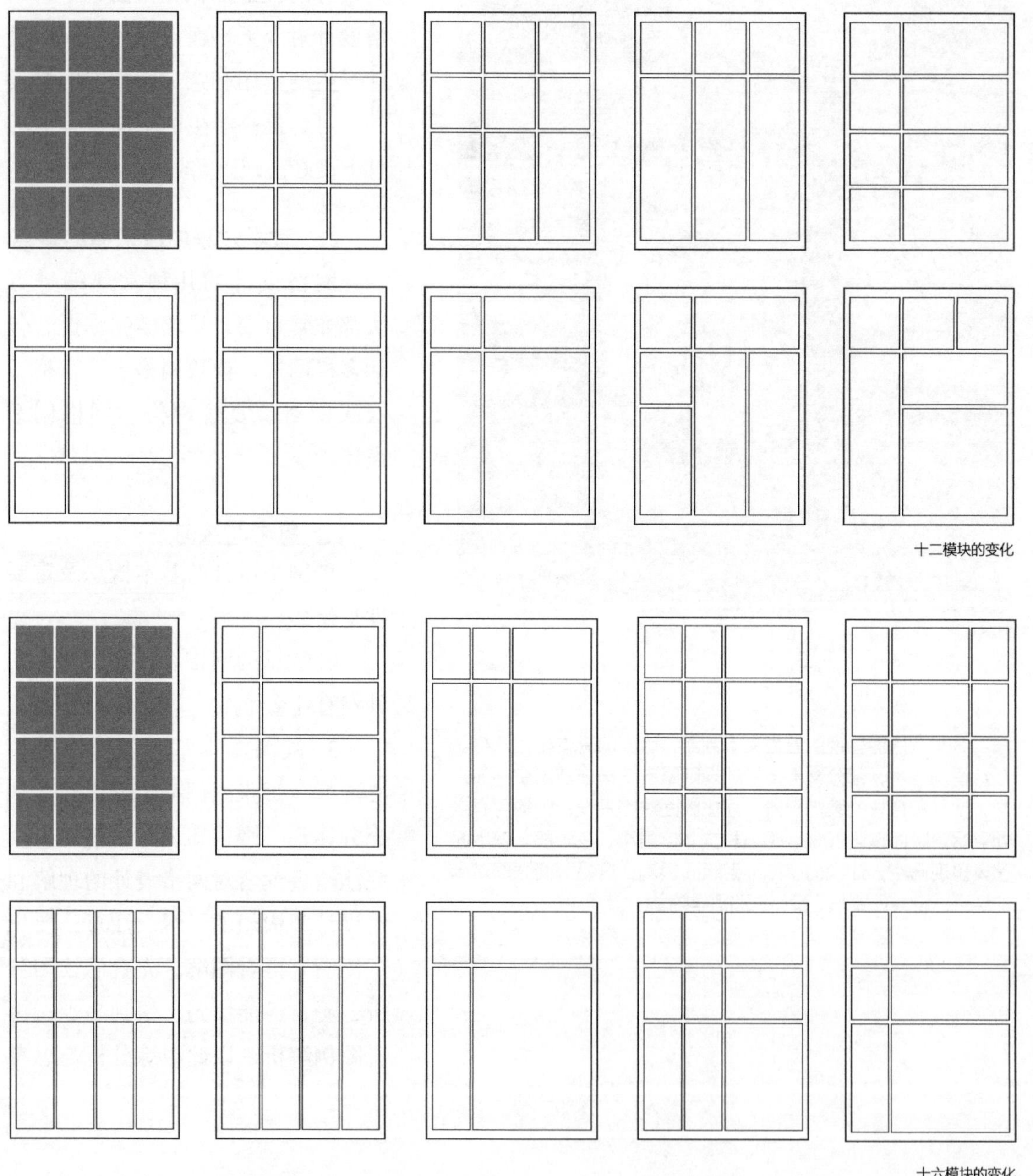

十二模块的变化

十六模块的变化

3

第 3 章

符号设计——点、线、面

任何一门艺术都有它自身的语言，而构成造型艺术语言的形态元素主要是点、线、面、体、色彩及肌理等。点、线、面是几何学的概念，也是平面设计的基本元素和视觉语言形式。它们的关系是，点动成线，线动成面，点的扩大可成面，面的缩小又成点，具有相对性。

点、线、面的设计方法来自包豪斯平面构成的设计理念，即试图用几何符号的思维去探索平面设计的视觉语言形式，是一种理性的设计表达思维和方法，也是今天现代设计的表现语言及方法。

世上万物的形态千变万化，这些物象的空间形态均属于点、线、面。它们彼此交织，相互补充，相互衬托，有序地构成缤纷的世界。

3.1 点的编排构成

设计中点的形态多种多样，可以是抽象的圆点、方点、色块、文字，也可以是具体的一切物象构成的点等。点在版面中具有以下特点。

（1）相对性。随着点面积的增大，点可变成面；相反，面缩小则变为点。至于图像在画面中作为点还是面，取决于图像在版面中的面积大小，放大成点而缩小成面。

（2）行首字放大，具有强调、引导、活泼版面的作用。

图3-1 设计师从斑点狗身上的圆点获得灵感，延伸出以圆点为主体视觉构成的设计。圆强化了版面的形式风格与活力。（设计：冯晓琳）

图3-2 行首字母在文字中的点。大写的行首字母在文字中具有点的作用，被强调的首字母可下降嵌入字行，也可高于字行。（原图改编）

图3-3 “心有意则有形”。如果想以圆形来强化版面的形式感，那么在不同大小的圆形中植入图像，无论是圆形的点还是面都达到了形式完美的统一。（设计：冯晓琳）

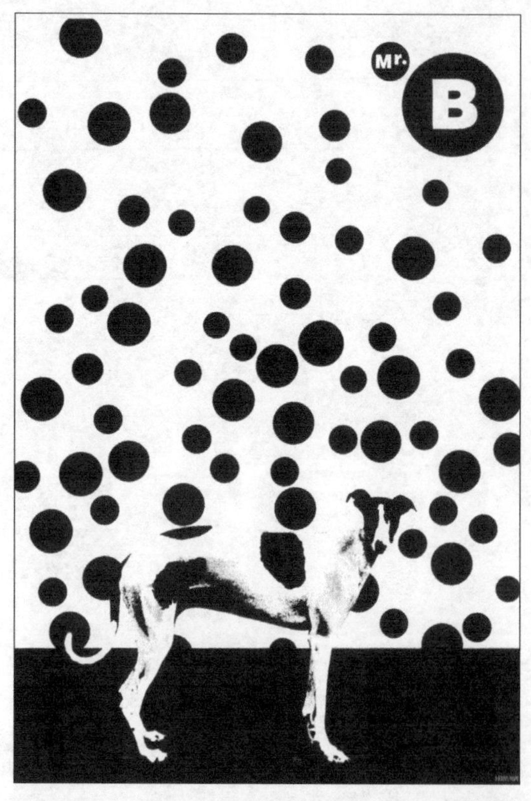

图3-1

Blueprint: The Shock of the Familiar

R

D

I

P

N

图3-2

图3-3

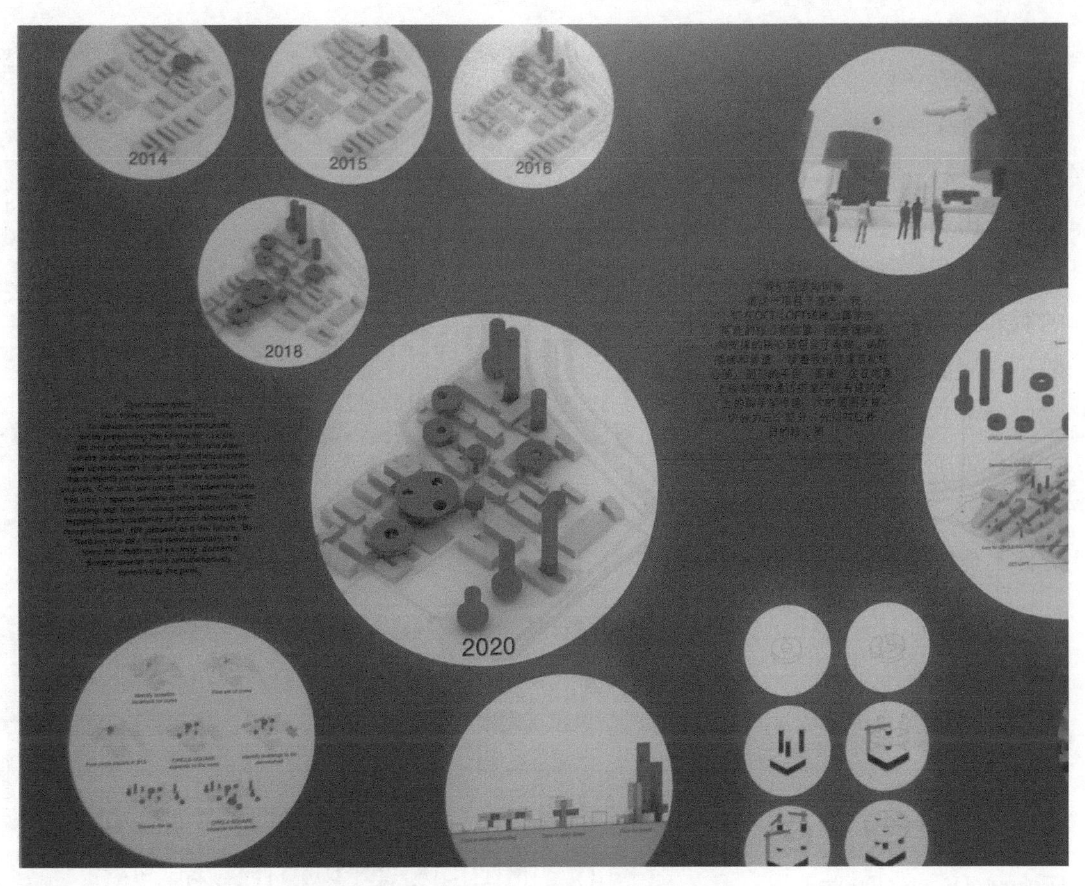

图3-4

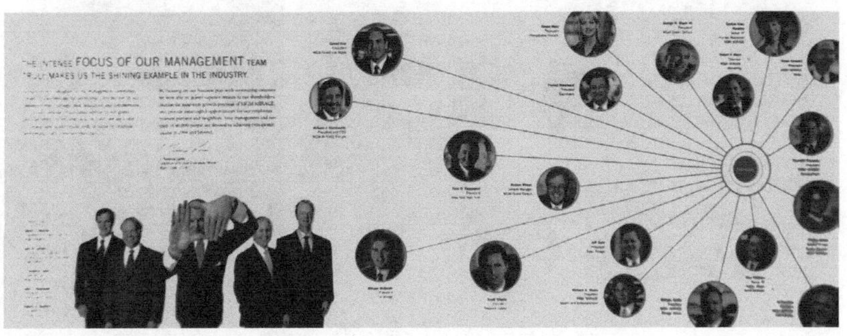

图3-5

图3-4 深圳展览厅国外某展示设计版面。整个展墙的设计语言风格均以大小不同的圆形自由构成，形式简约统一，风格活泼。所展示的内容信息均植入圆形中，说明文字的编排形状也为圆形，圆形文本成虚面。如果图片质量不佳，采用这种手法可获得良好的艺术效果。（图片来源：深圳展览厅展墙局部）

图3-5 设计师以“点”为视觉语言编排的风格非常明确，当版面需要传达的信息量较大时，用点的形式来表达，既活化了设计，又强化了形式感，线在画面中起着导向连接与增强秩序的作用。（设计:MGM-Mirage）

（3）视觉焦点。每个版面都有视觉焦点（除追求自由版式的散构图外）。中国传统版面的视觉焦点一般在版面中心稍偏上的位置，因为焦点中心化会显得版面对称呆板。为了寻求新颖变化的版式风格，今天的设计焦点一般不在版面中心，而刻意导向偏离版面中心的位置，甚至边缘，这也体现了现代设计打破平衡的观念，即“现代设计不讲对称，对称不是现代设计”。

图3-6

图3-6 “点”不一定是圆形，也可以是方块或其他形态。此图的点为大小不一的黑色块和红色块，也可视为密集并列书籍的间歇空间，编排巧妙，错落有致。（图片来源：Marcus Tullius Cicero Minimalist Poster Quote）

图3-7、图3-8 *Kekkai-Paper Catalogue* 书籍装帧，以点进行整体概念设计。通过外部镂空的圆形看到每个单册封面，设计巧妙。（设计：Yoshimaru Takahashi）

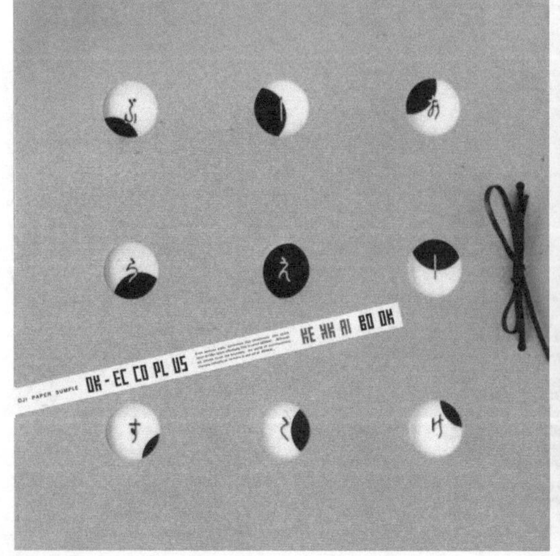

图3-7

图3-8

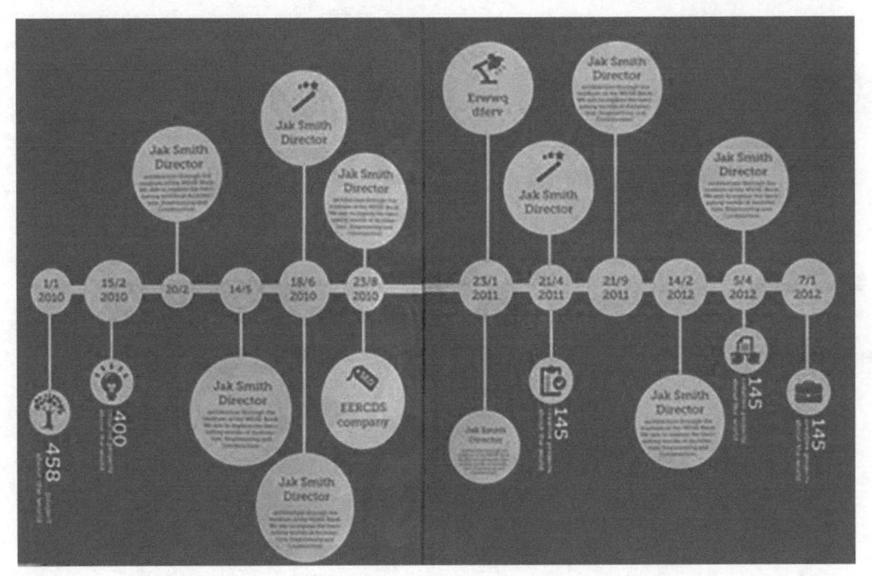

图3-9

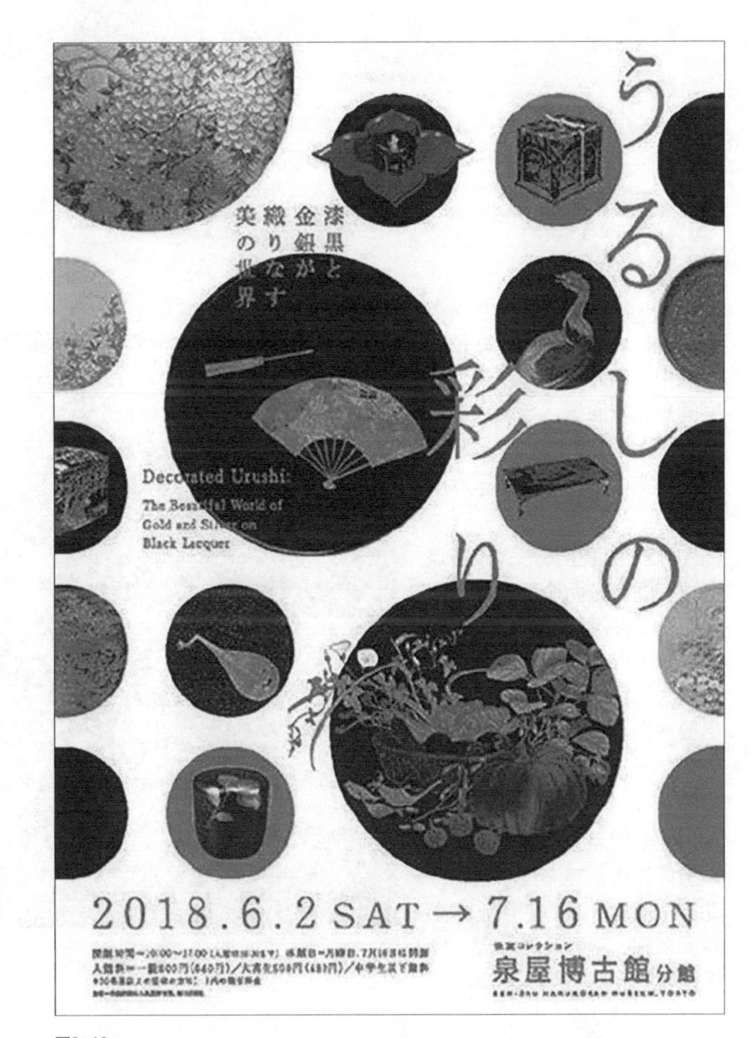

图3-10

图3-9《WDSE2013年报》画册设计。大小不同的圆形在中轴线上以横向、纵向有序地排列，“点”以线连接，文字置入圆形中，信息传达逻辑清晰、调理有序。纯圆点与线的连接构成，净化了视觉语言的表达形式。

图3-10 泉屋博古馆分馆海报。版面由两种规格大小的圆构成，小圆有序地排列；圆放大成面，倾斜排列，成为主视觉。

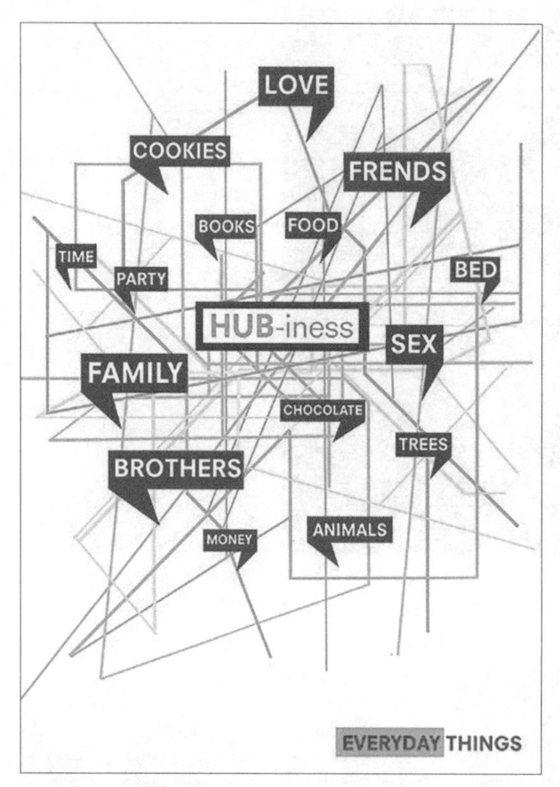

图3-11

图3-12

图3-11 点与线结合，红色的点从中心向外扩散，产生深度空间感和方向感，与混乱的线形成对比。（图片来源：2015玻利维亚国际海报双年展入围作品）

图3-12 版面主体形式以圆点构成，圆点分两个层次。底层为单色，在圆形中的建筑通过图像植入以点的形式来传达；上层为红色圆点，字母的植入尽显活力，秩序中又有变化，丰富版面。（设计：Martin Stillhart）

图3-13 圆点的构成，在版面中重复应用，充满秩序感和律动。（图片来源：四川艺术学院罗发辉、李强、庞茂琨、杨述作品品鉴会海报，2018年）

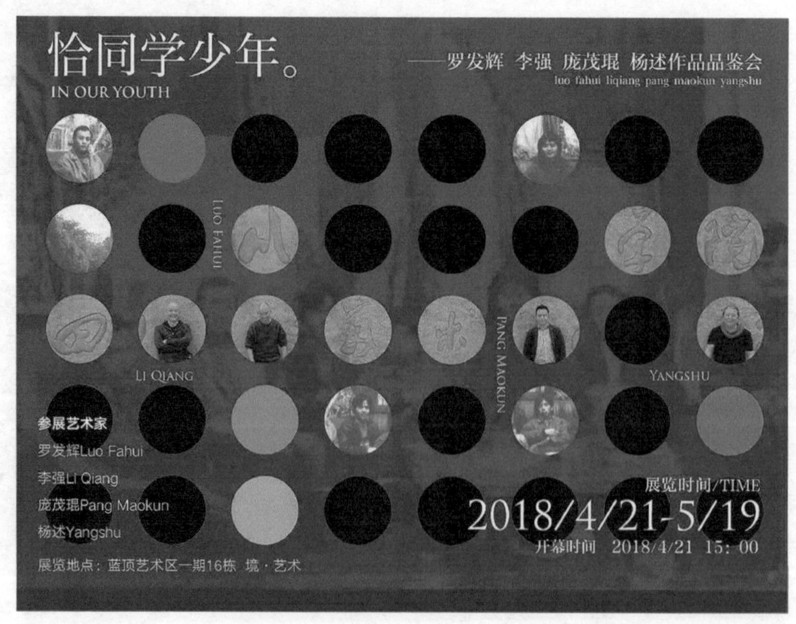

图3-13

3.2　线的编排构成

线是点运动的轨迹，又是面运动的起点。在符号形态学中，线还具有宽度、形状、色彩、肌理等造型元素。

（1）线按形态可分为两大类型。直线：平行线、垂直线、斜线、折线、虚线、锯齿线等。曲线：弧线、抛物线、双曲线、圆、波纹线、蛇形线等。

（2）线从虚实角度可分为实线、虚线、空间的视觉流程线。实线与虚线形态明确、容易识别，而视觉流程线却往往被忽视，但对设计师来讲非常重要，它构筑在设计师心理，从而引导设计的视觉流程。

（3）线在平面设计中具有不可缺少的重要作用：引导视觉流程；分割线空间，使画面获得更有秩序的空间和稳定因素；强调线或线框。

图3-14　文字左对齐形成的线，虽然不是明确的线，但这种整体编排增强画面的前后层次感，利于信息的编排。（设计：Xavier Esclusa Trias）

图3-15　Lfng酒标签设计。文字编排形成的线环绕瓶身，具有简约的装饰性。（设计：Gregory Ronczewski）

图3-14

图3-15

图3-16、图3-17 《中国银行年报》封面，由世界著名的中国香港设计大师靳埭强设计。两个封面设计诠释了“点”“点汇聚成线”的逻辑和力量关系，同时隐喻钱币储蓄与银行的功能作用。(设计：靳埭强设计有限公司，靳埭强、余志光)

图3-18～图3-20 “Wear Yellow Live Strong”为癌症研究募集资金的系列广告设计。三个图例中，粗细不一交错的白色线网，强调了山地骑行的里程路线图，也成为版面独特的设计风格。（设计：Wieden，Kennedy）

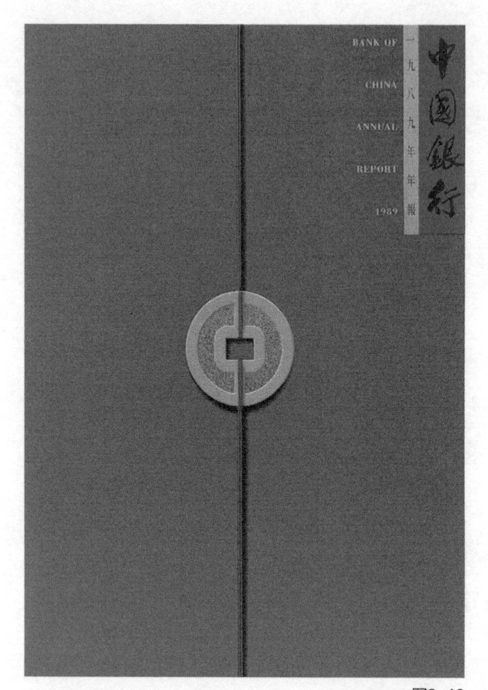

图3-16

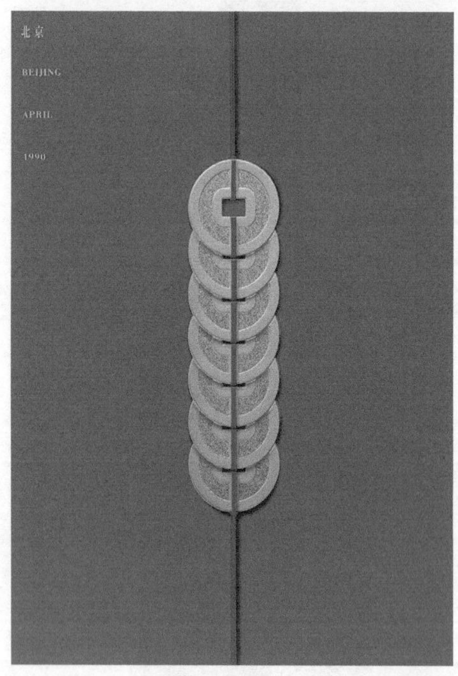

图3-17

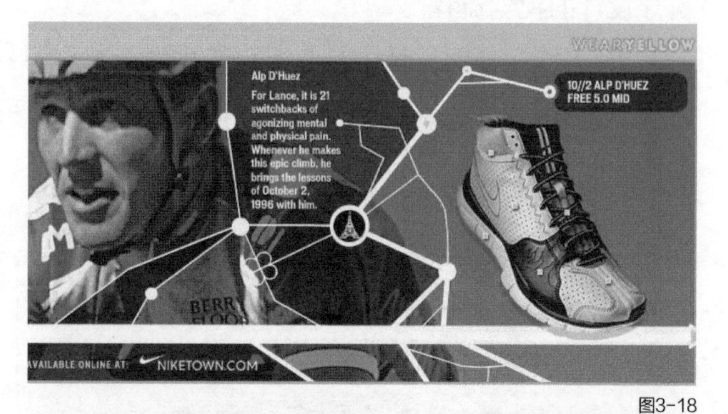

图3-18

图3-19

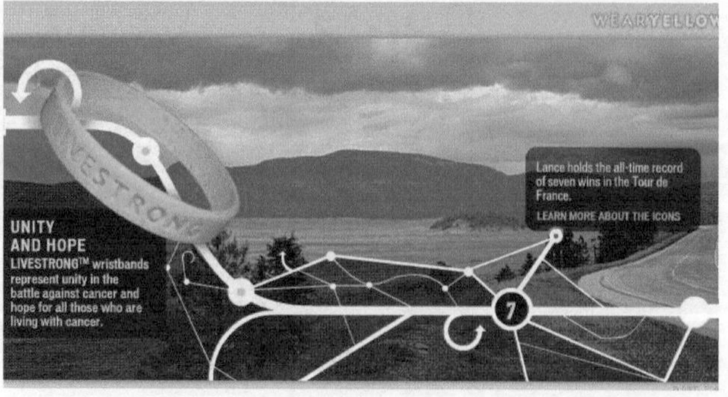

图3-20

1.线的视觉流程

线的视觉流程也称为阅读流程，是构筑在设计师大脑中的编排流程线、虚线，通过版面的图像、文本或其他元素编辑呈现，引导读者完成阅读。每幅设计作品都有视觉流程，只是流程强调的强弱不同而已，例如，版面元素流程清晰连贯，流程感则增强；反之，版面元素流程疏散，则流程感减弱。

图3-21

图3-22

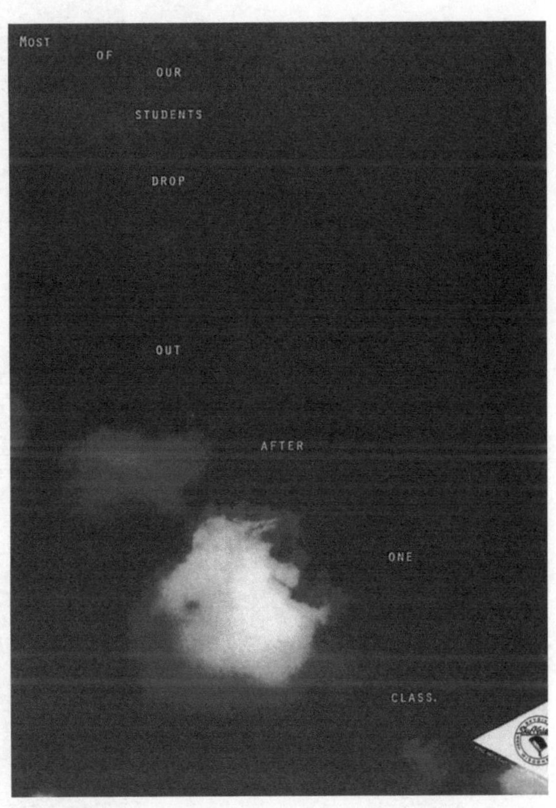

图3-23

图3-21 一条由文字编辑的细红色线条，穿插于粗黑字体的前后之间，营造出文字前后的空间感与视觉焦点。（图片来源：Headliners）

图3-22 月历的创意设计。文本居中排版，细小的日期纵向排列成一条自上而下的阅读线，也与巨大的“面”字产生鲜明的对比。（设计：Pennor’s Calligrapher Heve Rivoalland）

图3-23 跳伞学校招贴。文字紧扣主题，展示解散的视觉流程。（设计：Dan Weeks）

图3-24

图3-24 1991澳大利亚“狂欢节海报设计”。编排设计风格为先解构文字再轻松随意编排。创意手法表达周末舞会轻松愉快的时光。此文字的解构编排方式是西方典型的设计风格及观念意识的表达方式，在西方设计作品中表现较多。随着中西方文化交流的频繁，此风格也在中文设计中逐渐增多。（设计：Andrew Hoyne）

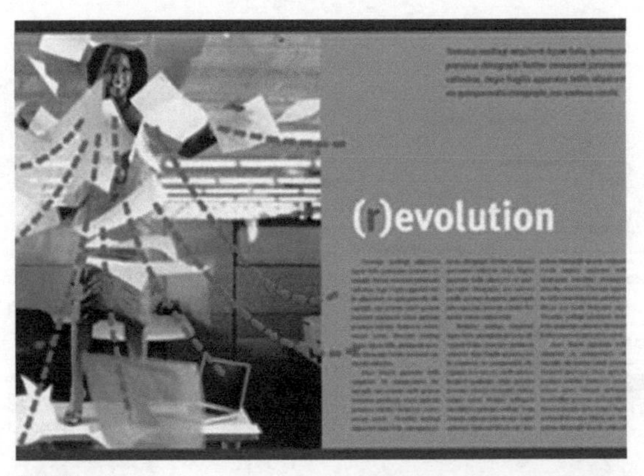

图3-25

图3-26

图3-27

图3-25~图3-27 根据图片的内容进行创意设计，以生动的图语符号分别表达：抛散文件呈放射状的虚线、图书取出与放入书架的手势动作、管理员上下抽取文件反复的虚拟动作模型。设计以二维虚拟手法表达出“二维平面+三维空间+四维时间”复合的运动流程。（设计：Kambiz Shafei）

图3-28 版面的视觉流程。视线由粗线条和大号文字向细线和小文字移动，完成视觉流程。（设计：Tadeusz Piechura）

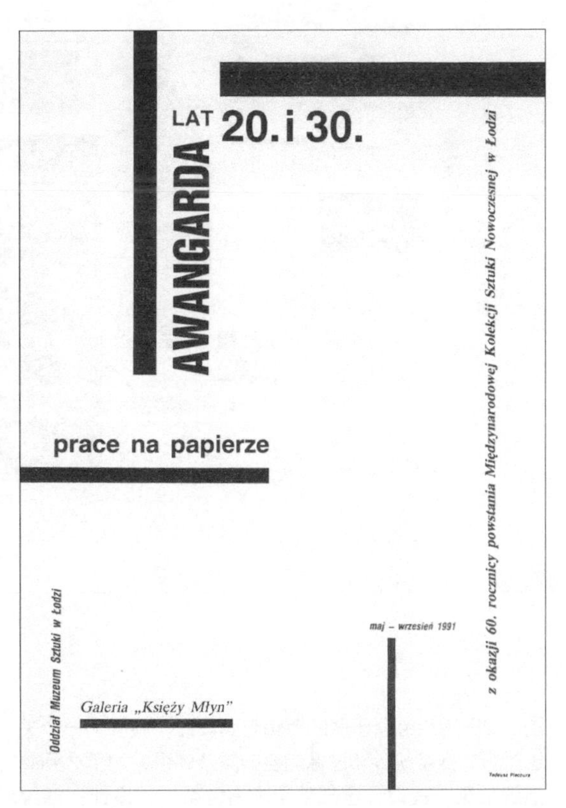

图3-28

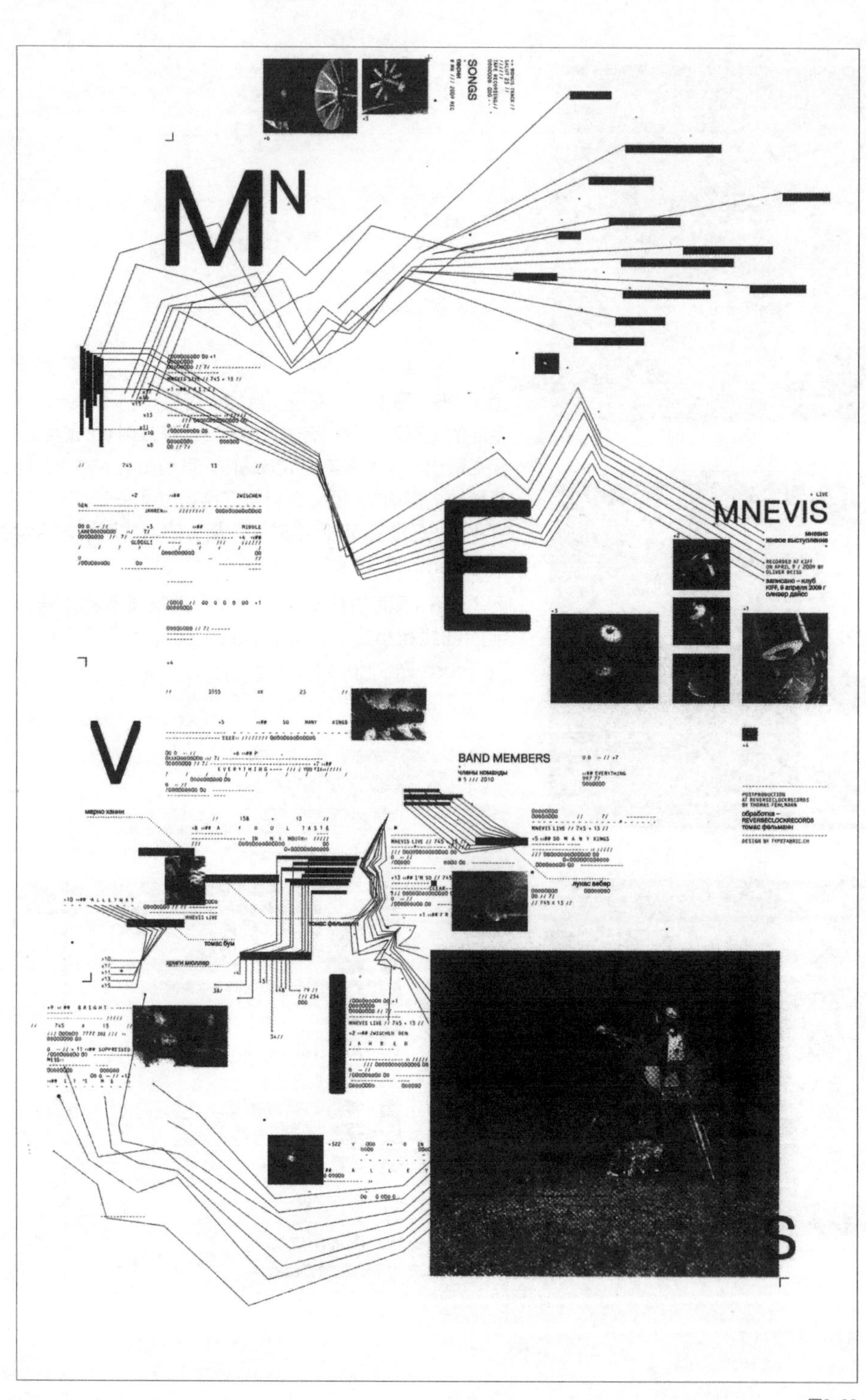

图3-29

图3-29 姆奈维斯乐队的专辑封面设计，展示了一个关于排版、数字统计和图像内容的复杂体系，为了达到简洁的效果，其设计全部采用黑白色系。（设计：塞缪尔·埃格洛夫，卡特里娜·威普）

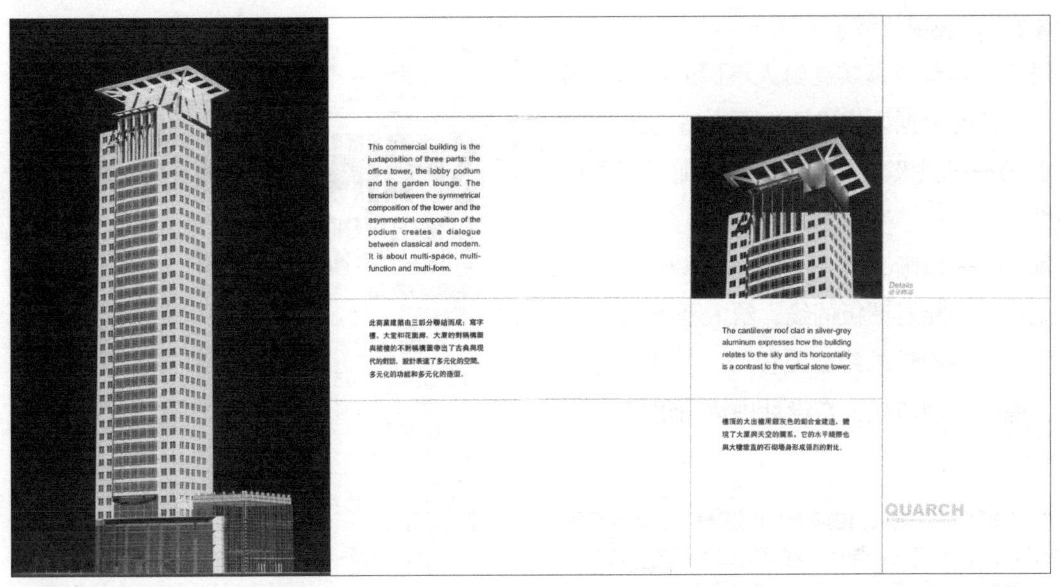

图3-30

图3-30 版面简洁，线在版面中的精心分割，形成了不同大小的虚空间，使图片、文本在线的空间规划下获得稳定与明快的对比关系。左、右页大量留白增强了品质感，空间、色块、线形成了简略的设计风格，也体现出设计用心，简约不简单。（设计：杨奕）

图3-31 十六模块网格结构。版面被分割成16个等量空间，为了突出16个人物头像，版面隐藏了线条，但我们能感觉到线分割的存在。（原图改编）

图3-31

2.线的空间分割

线的空间分割的目的是让版面获得良好的空间秩序感和稳定感，使设计产生次序的美感。在设计时，若有众多的信息要编排，采用线的划分能有序分割空间，同时使各类信息也获得秩序稳定的因素。

（1）线的作用及表达形式

线在设计中具有分割空间、强化信息、引导视觉流程、强化版面秩序等作用。

流程——线引导编排的视觉流程（图3–21、图3–23、图3–24）。

分割——线对模块网格或自由网格的分割，包括显性与隐性的线（图3–31、图3–34）。

分割——线对文字信息的分割（图3–30）。

分割——线在多栏网格中的应用及线的植入，包括显性与隐性的线，线强化了版面的严谨秩序性（图3–33）。

强调——横线、竖线的强调（图3–28）。

隐线——以隐性的线表达，如文字左右对齐（图3–14）、虚线表达（图3–29~图3–31）。

（2）线表现的情感

线条的粗细或虚实会给人不同的心理情感感应，设计时根据内容需要选择合适的线条。

粗线——积极、肯定、明确，加强了条理秩序性。

细线——清晰、明确，产生精致感。

虚线——相对消极的线，给人平和感。

隐线——隐性的线如流程线、视线、动作轨迹、隐形的网格线，在设计中运用很多。

图3-32 大量的图片植入自由网格的层级框架，画面色彩统一为红、黑、白三色，强化了网格的白色框线，增强了信息的秩序感、红色块的节奏感。（原图改编）

图3-33 在三栏网格页面中，线对各段落信息的分割，使各段落之间更加明确，各组信息获得良好的空间与秩序。因此，线在版面中的分割让阅读更加清晰。（原图改编）

图3-34 Goodrich宣传杂志。版面设计采用蒙德里安“红黄蓝”的设计风格，也是典型“线”的分割设计手法，使版面富有艺术气息。（图片来源：Goodrich Corportion）

图3-32

NEWSPAPER

Spring Edition (1980) Vol. 1 Published by Purity Supreme Stores

SPRING FORWARD!

MORBI ELEIFEND LACUS
QUIS SAPIEN MATTIS FEUGIAT

QUISQUE FINIBUS

Quisque tempor egestas dignissim quam erat vel fermentum augue. Quisque sodales aliquam tristique. Vivamus posuere pulvinar orci, ac scelerisque ipsum pulvinar quis lorem. Ut fermentum aliquam urna, non ullamcorper urna ornare et. Fusce pulvinar quam sed nisl tempor laoreet elit vel id nulla. Suspendisse vehicula lectus facilisis tortor et porttitor hendrerit. Quisque feugiat ac nisl nec placerat. Ut sapien orci, ultrices in turpis vel, tristique mattis mauris. Phasellus at nisi dictum, mattis mi non, dignissim et mauris. Nam auctor nunc id imperdiet molestie. Morbi nec sapien dignissim, mattis orci vitae, molestie nec urna. Integer tempor nec orci arcu, ut molestie nulla placerat ac. Vestibulum quis hendrerit nibh.

NULLA EST NISI

Integer elementum justo quis mauris rutram, eget venenatis metus ultricies. Etiam egestas quis lorem non suscipit. In quis ante urna.

Suspendisse nec sodales neque in sapien blandit montes, nascetur ridiculus mus. Aenean posuere urna ac commodo ultrices.

eleifend sollicitudin lorem, et pretium neque. Vivamus sed nibh eget elit consectetur bibendum.

SED VENENATIS

Donec ornare augue tortor, a efficitur nisi venenatis vel. Sed rutram libero at neque imperdiet, eu hendrerit odio magna vestibulum in. Suspendisse vitae molestie dolor. Cras in est magna. Nulla euismod tortor volutpat dapibus dignissim. Nullam sit amet feugiat ex, sit amet fringilla libero.

Suspendisse et pretium turpis quis elit vel aliquet imperdiet.

Quisque tempus, sem at venenatis mollis, urna ligula molestie dapibus sapien, et dignissim diam metus eu urna. In maximus lectus quis sem congue, dignissim laoreet enim cursus. Nullam venenatis, leo faucibus porta dapibus, leo lorem venenatis sem, eu fringilla magna mauris nec neque. Donec id

Quisque tempus, sem at venenatis mollis, urna ligula molestie dapibus sapien, et dignissim diam metus eu urna. In maximus lectus quis sem congue, dignissim laoreet enim cursus. Nullam venenatis, leo faucibus porta dapibus, leo lorem venenatis sem, eu fringilla magna mauris nec neque. Donec id

Quisque suscipit rutram sapien, ut luctus et libero dictum in.

PURITY SUPREME
the basic value store.

图3-33

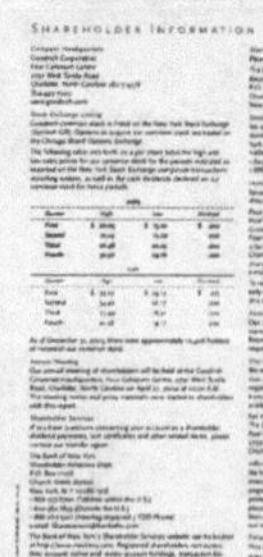

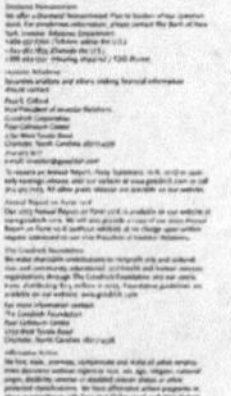

图3-34

3.线框的强调与约束

（1）线框的强调

当文字被施加了线框，其中的信息立即得到了强调，注目度增强。框线越粗，张力越强（图3-35、图3-36）；相反，框线越细，张力越弱。

（2）线框的约束

线框的强调与约束具有一致性，在文字信息得到强调的同时，文字的空间感也受到了约束和限定。线框越强，约束力越强；相反，线框越弱，约束力越弱，但同时文字的张力也就越强，形成正比关系。

图3-35

图3-35 Wacom intuos2包装盒，张扬的文字配上线框的强调，强化了包装设计的个性风格，令包装有鲜明的传达力。（图片来源：Wacom网站）

图3-36、图3-37 线框的运用既规划了文字，也强调了文字信息，使高尔夫球具图册显得格外简洁，体现高端化的品质感。（图片来源：Wison staff网站）

图3-36

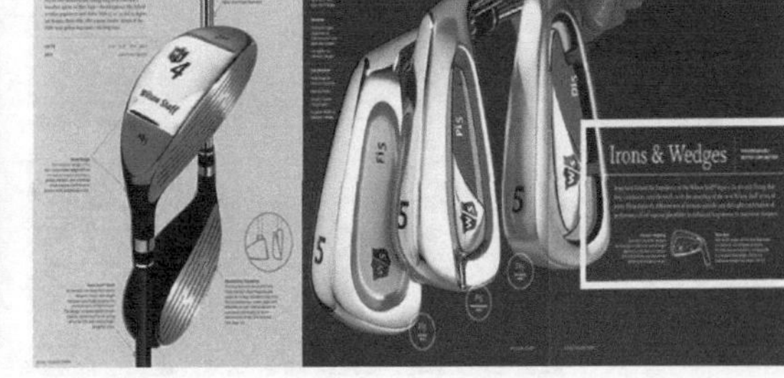

图3-37

（3）线框的空间力场

线的空间力场是指文本在线的空间分割下，被线封闭的空间对“文本”所产生一定的约束力。“力场”是对文本而言产生的感应，文本在框线的力场感应中获得相应稳定的空间感，若没有线框，则没有力场的感应。

线框的感应力：线框细，版面则轻快而有弹性，但“力场”的感应弱；线框粗，图像有被强调和限制的感觉，同时视觉度也增强；若线框过粗，版面则变得呆板，空间显得封闭，但“力场”的感应明显增强。

图3-39

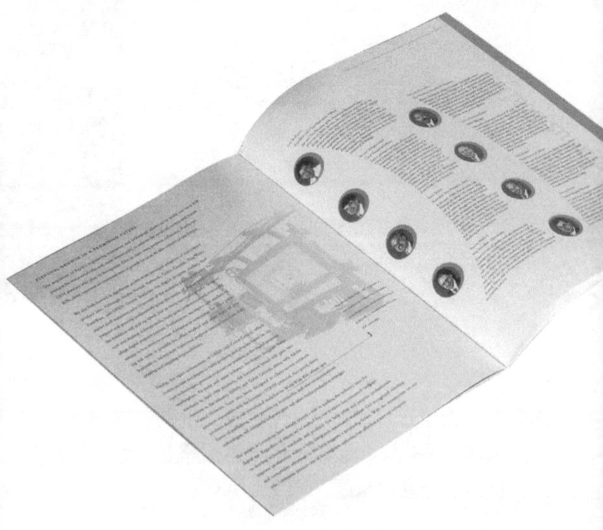

图3-40

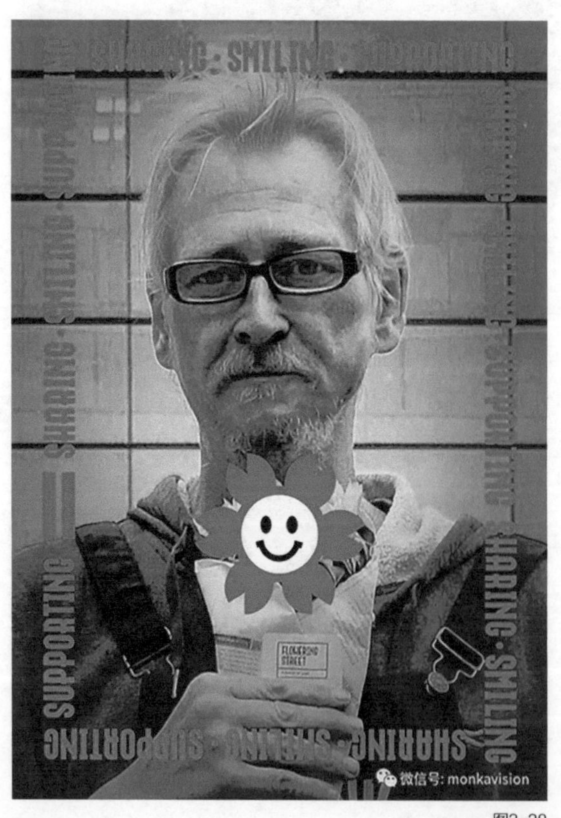

图3-38

图3-38 以文本形成的线框，着重强调出摄影图片中的主体人物。（设计：深圳市芒卡视觉设计有限公司，蒋明君）

图3-39 手提袋形状传达的众多信息在线框的分区下变得条理清晰，重点突出。（设计：达一广告股份有限公司）

图3-40 从书籍版式的整体看，有明确的点、弧线和文字产生的面。（设计：Dietz Design Film）

3.3 面的编排构成

点的扩大形成面，线的移动集成面。密集的点和线同样也能形成面。在符号形态学中，面同样具有大小、形状、色彩、肌理等造型元素，同时面又是“形象”的呈现，因此面即“形”。绝大部分设计作品都有面的构成，常见的面可理解为图像或色块构成的面、文字构成的面、其他元素散构的虚面。

面在平面设计中的作用如下。

（1）面在版面中可强可弱、可动可静、可实可虚，关键在于设计师的构想。若要强化面，可加大面的版面率、增强视觉度或色彩的对比关系；若要弱化面，则反之。虚面一般多为由文本构成的面。（图3-41）

（2）面可充当背景。文本形成背景的面具有安静、动静平衡、丰富主视觉的作用。（图3-42、图3-44）

（3）面起着丰富层级的作用。版面图文一般具有多种层级面，标题常构成较强的面，文版一般为虚面。字群设计的层级也能体现设计师的设计水平。（图3-47、图3-48）

（4）文本的整体编排有组织且严谨，体现良好的设计感。（图3-48）

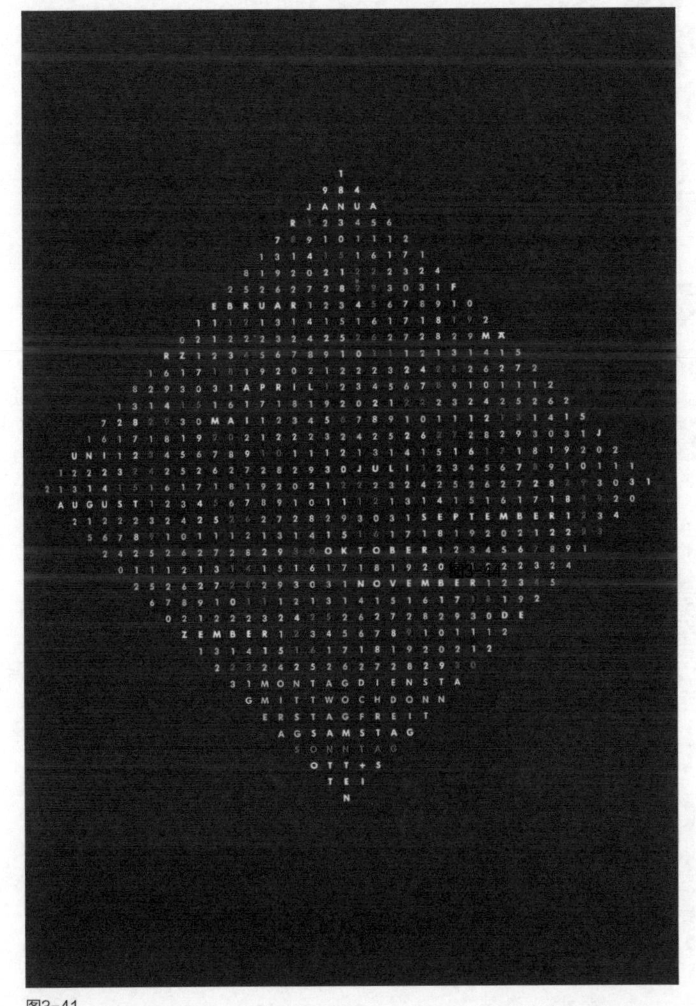

图3-41

图3-41 这是一幅用数字组成规律排列的挂历，数字构成标准菱形的“面”。近看是数字的重复排列，远观则形成菱形的面。（设计：Stein）

图3-42

图3-42 烧酒藏京屋酒厂的挑战"为什么现在要喝杜松子酒"活动海报。商品占据版面中心，文字信息呈面与点的构成，色彩简约，使产品信息得以完美传达。（图片来源：日本京屋酒造有限社会网站）

图3-43 以点、线、文本构成不同形态几何形的虚面。版面为横向四栏网格，版面率为100%，文版与几何图形层次丰富，版面活跃。（设计：佐野研二郎）

图3-44 字体设计。字母以线的形式排列形成面，图像与线之间交叉带来视觉空间感。（设计：Lefteris Kontogiannis）

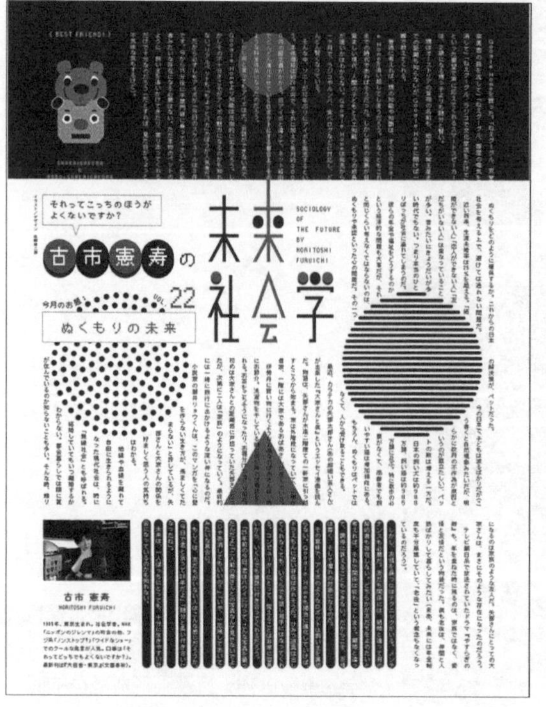

图3-43

图3-44

图3-45

HAVE YOU LOOKED AT THE PRICE OF A COLLEGE EDUCATION LATELY? HELLO? HELLO??

Get out the smelling salts. People who study these things predict that ten years from now a four-year college education could cost anywhere from $70,000 to upwards of $200,000. That means college costs are growing at a rate that far exceeds inflation or typical cost-of-living increases. But what's even more amazing is that few families today have really made any serious plans to prepare for it. That's because financial or investment planning is usually one of those things that sort of slips to the bottom of the to-do list as car repairs, home improvements, family vacations and new school clothes take the inside lane in the race for an already-stretched paycheck. Besides, it seems so far away. That's why we suggest you put calling Firstar Bank right at the top of that list. We'll be happy to schedule an appointment for you to meet with one of our Investment Specialists. These are people who spend 100% of their time helping others plan their financial futures. Futures that may include college costs for your children, retirement for you, a new home, or any number of other financial goals. They will provide you with objective, well-thought-out advice about annuities, bonds, mutual funds and more. And they'll provide it in a pressure-free environment because they don't work on commission and aren't scrambling to meet this month's sales quota. Simply put, they're here to listen carefully, ask smart questions, address your concerns and help take a lot of the confusion and complexity out of what can appear to be a rather overwhelming undertaking. There's no obligation on your part whatsoever, so call Firstar at 784-1818 and make an appointment with an Investment Specialist today. Don't let another week go by without taking some serious steps toward a secure financial future. For you and your kids. Because if the spiraling costs of an education can make you go weak in the knees, wait 'til you hear what a pair of tennis shoes will cost.

FIRSTAR
BANK

图3-46

歌舞伎の発見

图3-47

图3-45 Kyohei Sorita独奏海报。点、线、面在设计中表现得非常明确，完美地诠释了几何符号设计的设计思维。

图3-46 Firstar银行呼吁学生为日益高涨的教育经费而储蓄的招贴。创意借编排的手段来体现：文字编排的"面"、留空的人形、人物图像的点构成。

图3-47 版面文字由不同的字体、字号、图点以不同的编排形式构成三个层次的面。（设计：田中一光）

图3-48

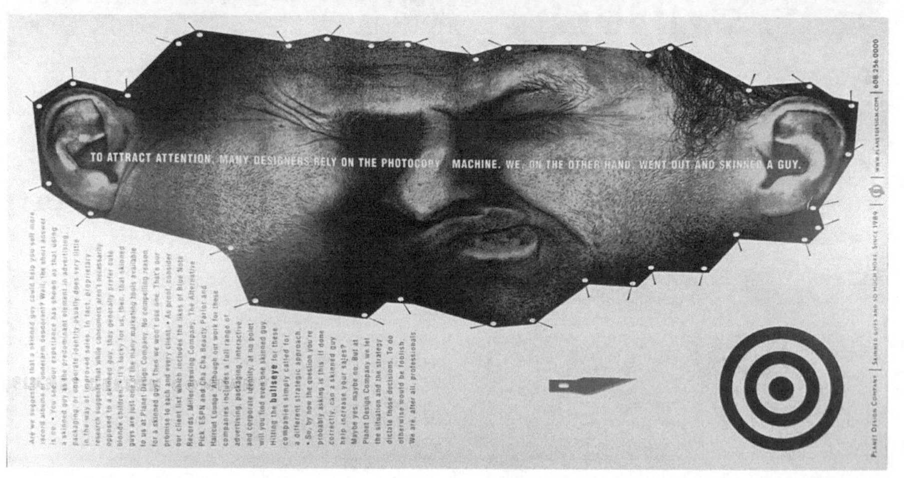

图3-49

图3-48 侧田演唱会海报。海报主题“侧田命硬演唱会—广州站”，标题字体风格饱满、有层次感，标题构成的面体现力量感。

图3-49 版面由文字构成的线、面和图形构成的点组成，左侧紧密，右侧疏松，形成自左向右的趋势。（设计：Kevin Wade，Martha Graettinger）

教学目标与要求

通过本章点、线、面的设计原理及方法的学习，学生学会运用理性的设计思维和方法，运用几何符号学的视觉语言进行平面设计实践创作，以增进对现代平面设计的理解和认识。

教学过程中应把握的重点

在点的编排构成中，理解和掌握点与面的相对性、点的强调；在线的编排构成中，理解和掌握线的视觉流程、线的空间分割、线框的强调与约束；在面的编排构成中，理解和掌握面的文本层级。

思考题

1. 如何理解点、线、面的概念及其在设计中的作用、呈现的形式和特点？

2. 如何理解面的层次？设计时把握好面的层次有哪些方法？

3. 理解每个设计作品一般都有点、线、面同时并存的原因，或以面为主，或以点为主，或以线为主，或主要以点、线构成，或者以点、线、面同时构成。但当以点、线、面同时构成时，尽量不要三者等量，而只强调其中一个，点、线、面三个等量则显得杂，你如何理解？

4

第 4 章

版面率与视觉度

版面率是指版面中的设计元素（包括文字、图片、图形、色彩等）在版面空间所占的比例。版面率的高与低决定版式设计风格的调性，对设计起着重要的作用。本章主要介绍版面率、视觉度、高版面率与张力、低版面率与留白。

版面率帮助学生加强对版面空间的理解，不同的版面率和与视觉度可以产生不同视觉调性和视觉心理的情感。

4.1 版面率的概述

图4-1

图4-2

图4-1 燕塘酸酪乳海报。采用低版面率，以提升产品品质。

图4-2 燕塘谷元奶海报。海报设计特别强调食料的天然品质，来诉求产品的养生理念。

1.版面率

版面率是指版面中的设计元素（包括文字、图片、图形、色彩等）在版面空间所占的比例。版面率越高，视觉度越强；版面率越低，视觉度越弱。但视觉度的强弱也与图文大小、色彩轻重等有关，版面率的高与低决定版式设计风格的调性，对设计起着重要的作用。版面率大致分为以下两种：书籍的版面率，除页边距外，按版心计算；广告的版面率，按广告尺寸计算。

2.版面率的高低与风格调性

版面率的高低取决于设计作品的内容和客户要求，更主要的是设计师的决策。不同主题内容决定不同的风格和版面率，不同的版面率也会产生不同的视觉效应。一般来说，版面率越低，留白越多，给人感觉就越典雅与宁静，版面品质感越强；反之，版面率越高，视觉张力就越大，冲击力越强，品质感则越弱。

学习版面率帮助我们理解版面率由低至高所产生的不同风格调性，以及对读者产生不同心理的情感感应。若版面率为30%左右，留白增大，留白以虚托实烘托主题，宁静优雅，升华品质。若版面率达70%以上，留白降低，图文信息增强，版面风格张力十足，图文速达力强。版面率高是广告传播常用的手法。

在广告设计中，为使版面产生强烈的视觉冲击力，需要将版面率扩大至50%～90%，甚至100%。但如果广告要表达高品质感，应降低版面率，增加留白。

如下图所示，显示版面率从0到100%的不同视觉效应。

版面率低：版面宁静典雅，品质感强

版面率高：版面视觉张力大，冲击力强

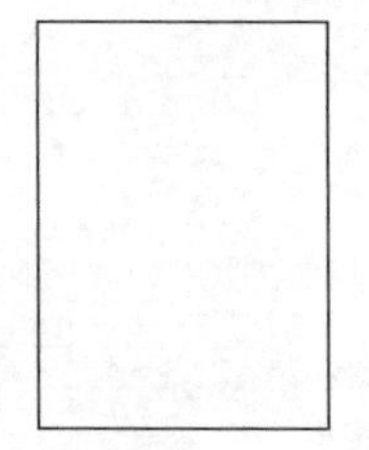

版面率: 0

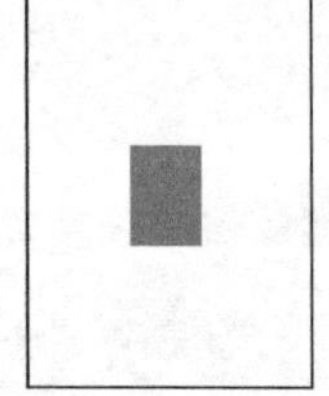

版面率: 20%

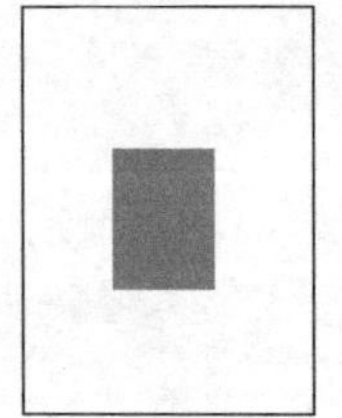

版面率: 30%

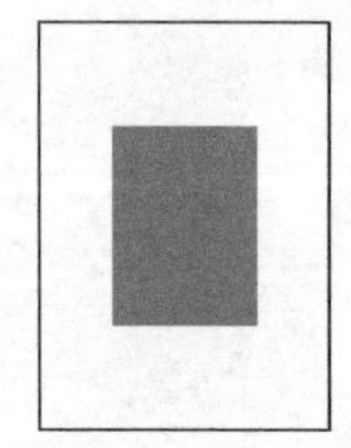

版面率: 50%

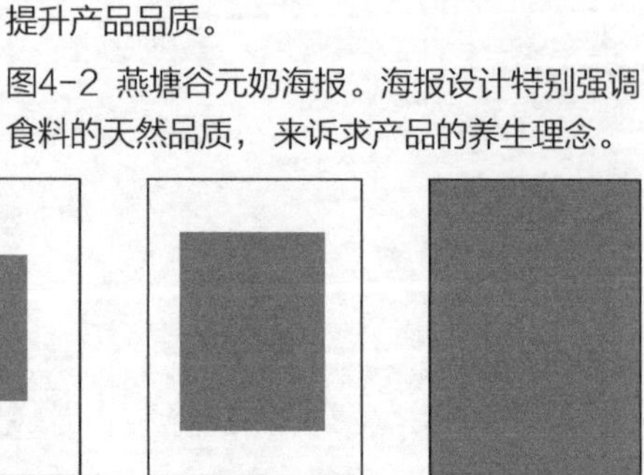

版面率: 75%

版面率: 100%

图4-3

图4-4

图4-5

图4-3 无印良品海报。以淳朴而完美的圆口茶杯、温润的色调和低版面率（15%左右），诠释了无印良品品牌朴素自然的生活理念。（图片来源：日本无印良品海报）

图4-4 主题：素质。无印良品海报。薯片占比达30%的版面率，空间大于薯片，留白体现了品质，但薯片版面率低显得张力不足。（图片来源：日本无印良品海报）

图4-5 《移动迷宫3：死亡解药》电影海报设计。海报中的月饼图片版面率达到55%，相比薯片，具有更大的张力，可以快速吸引消费者的眼球。月饼一个整体的元素与图4-6散状谷物相比，视觉冲击力更强烈。

图4-6 主题：早餐从田中来。通过展示食品原料，传达早餐食料来自田园。版面谷物随意散构，略占70%的较高版面率增强了海报的活力。（图片来源：日本无印良品海报）

图4-7 主题：最接近大自然的食物。结构简明，金黄色小麦图片的版面率为80%，给人足够的安全感和对食品的信任感。（图片来源：日本无印良品海报）

图4-6

图4-7

4.2 视觉度的强弱

1．放大图形或文本增强视觉度，缩小图形或文本降低视觉度

版面的视觉度是指图片和文本在版面中产生的视觉强弱的程度。版面的视觉度和图版率一样关系到版面的生动性、记忆性和阅读性。版面中，如果是全文字版无插图或图版率低，版面显得毫无生气；相反，高图版率无文字或文本视觉度低，版面会很有活力，但会降低传达的精准度与广告效应。

2．色度的强弱影响视觉度的强弱

图片和文本在版面的色度强，视觉度强；色度弱，视觉度弱。（图4–8、图4–9）

3．色彩的鲜明与灰暗影响视觉度的强弱

图片和文字在版面中的色彩对比强烈，视觉度强；色彩柔和，视觉度弱。（图4–3、图4–4、图4–6、图4–18）

4．挖图版比图框跳跃度高

在版面中，挖图版因无图框的限制，张力大，视觉度高；而方形版有被四边约束的感觉因而活力不足。合理运用退底图的特点，可以增强版面良好的视觉度。（图4–13）

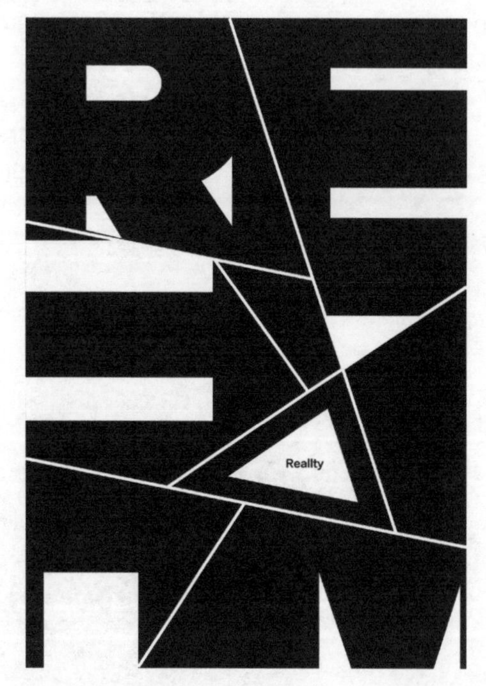

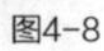
图4–8

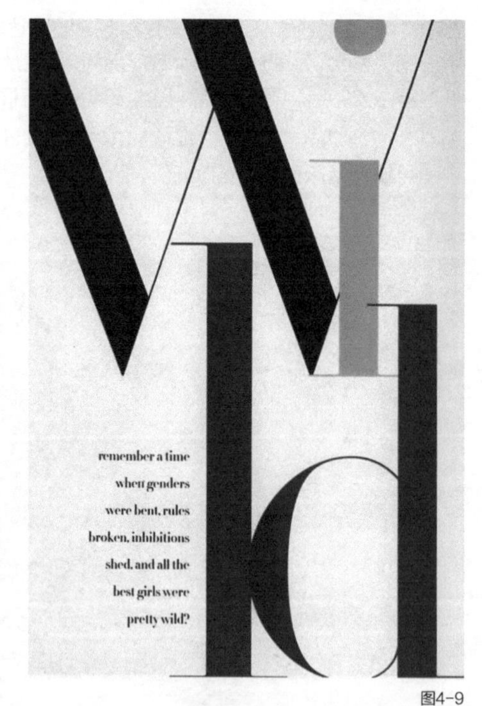

图4–9

图4–8 版面率达100%，高图版率+深黑色、倾斜不规则的字体，令层面张力十足、视觉度强。（原图改编）

图4–9 同为较高的版面率，由于图4–9英文字体笔画相对细弱，即使字体充斥版面，二图比较也显得图4–9视觉度弱较多。“BAZAAR”设计页面。热情奔放的字体充斥版面是对“wild”最好的诠释。（1992年9月 *Bazzar* 杂志，创意总监：Fabien Baron，美术指导：Joel Berg）

图4-10

图4-11

图4-12

图4-13

图4-10、图4-11　图4-10中版面图片的面积小、松散，容易降低读者的兴趣。改进后的图4-11中，放大图片的面积并集中图片的编排，在图版率增高的同时也整合了空间。放大了方形图与退底木椅图片，退底图显得视觉度更强，更活跃。（自编图例）

图4-12、图4-13 同一张海报，图4-13中海报标题放大后显得视觉度更强。（自编图例）

图4-14

图4-15

图4-14 图版率达100%。当风景图片放大至满版时，宁静的自然图像营造了更加寂静舒心的气氛。（设计：钢管矿业株式会社）

图4-15 日本星巴克宣传广告。图版率达100%。当产品图像放大充满版面时，因图像的出血，使版面视觉度更高，张力更强。

图4-16 2020年第16届墨西哥国际海报双年展。强烈的补色对比会增强版面的视觉度，放大图版率。

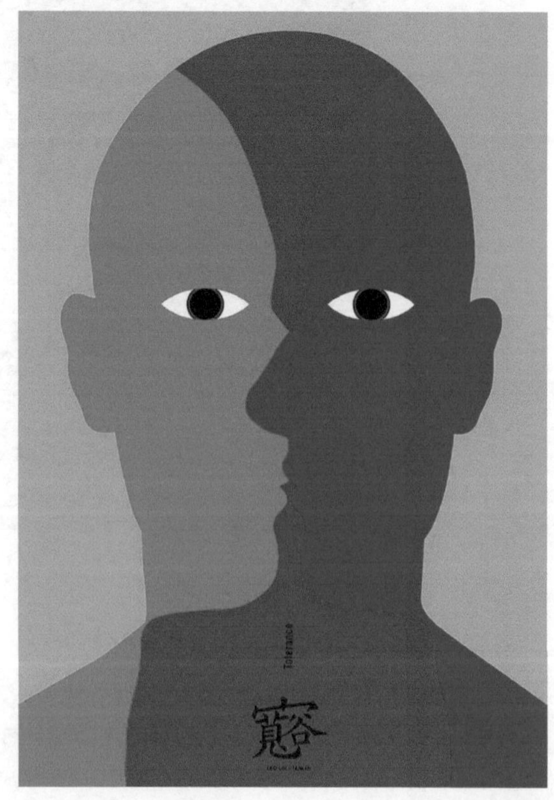

图4-16

4.3　高版面率与张力

当版面主体信息版面率达到70%以上，就属于高版面率。版面率越高，信息张力越强，视觉张力与冲击力就越强，高版面率适用于广告宣传，以博得消费者眼球。

在版面率相同的情况下，视觉度强弱的心理感应也受到色彩、文版与图形强弱等因素的影响，从而影响版面率的心理感应。影响版面率心理感应的因素有以下几个方面。

1. 色彩强弱对版面率的影响

色彩明度高，版面率感应减弱；

色彩明度低，版面率感应增强；

色相对比强烈，版面率感应增强。

（1）在版面率相同的情况下，色彩明度的轻重可以降低或增强版面率的视觉效应。（图4–3、图4–4、图4–8）

（2）色彩鲜明强烈，尤其是互补色的对比强烈，可以增强版面率的视觉效应。（图4–16）

2. 图文视觉度强弱对版面率的影响

图文视觉度弱，版面率感应减弱；

图文视觉度强，版面率感应增强。

在版面率相同的情况下，图形小或对比度低，减弱版面率的感应；相反，图形张力大，增强版面率的感应。

（1）文版的占比率。文版的版面率具有相对性。当纯文版时，文版算版面率；当版面既有文版又有图版，而图版率还很高时，相对图形的张力，文版则显得安静甚至虚弱，此时应降低文版的占比率。（图4–19、图4–22）

（2）图文版的视觉度越强，占比率越高。在版面率相同的情况下，如放大图文版的面积，则增强版面率的心理感应；相反，减小图文版面积或字号，则减弱图文视觉度和版面率心理感应。（图4–8、图4–9、图4–12、图4–13）

3. 图片出血对版面率的影响

图片出血的版面有张力感，增强版面率的心理感应。有边框的版面有约束感，边框越宽、色彩越深，约束感越强。凡是表现情感性、运动性的广告，采用出血的方式都能使情感或动感得到更好的释放。（图4–20 ~ 图4–24）

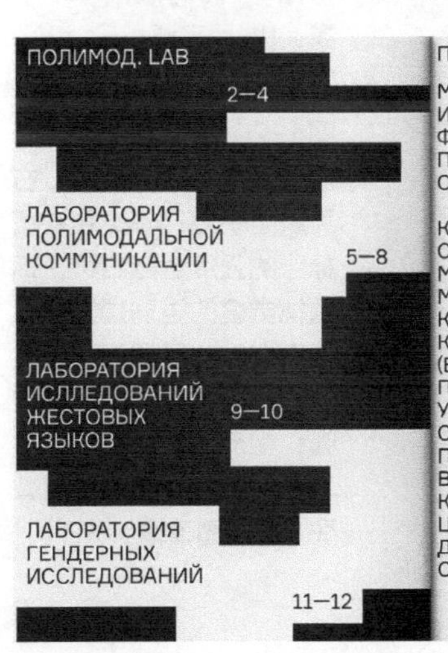

图4–17

图4–17 *Visual Identity For ISMMC* 内页设计。此为个性化的设计。左页的版面率高过右页，但强烈的装饰色块抢尽眼球，增强了视觉度。（ 设计：Evgeny Drozhzhev）

图4-18

图4-19

图4-20

图4-18、图4-19 左、右两图版面率都很高，大致左图为85%，右图为95%。但图4-18因图文版色浅，而图4-19图文版色深且字体张扬，以及人物动态距离更近，因而显得图4-19的版面率高很多。(图片来源：*Esquire* 二月期杂志)

图4-20 书籍内页设计。左页版面率为100%，右页版面率为75%，但左页标题的强度超越右页。标题视觉度的强弱是影响版面率感应的重要因素，文字大，视觉度及版面率增强；相反，字号小则文本弱，视觉度及版面率则减弱。（原图改编）

图4-21

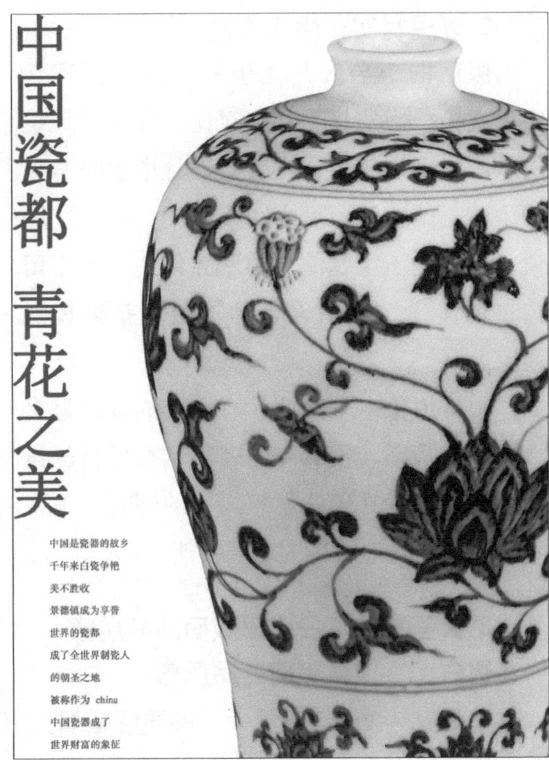

图4-22

图4-21、图4-22 图4-21中青花瓷版面率约80%；图4-22中青花瓷放大出血，版面率约为85%。两图比较，图片放大出血，其心理感应随图片张力放大，超过物理的量，更具视觉张力。（自编图例）

4.4 低版面率与留白

1.版面空间

物理空间可以用长、宽、高来计算，而版面的视觉空间一般凭人的心理空间去感知。空间可理解成虚无的、无形的、无量的、无限的，但在平面设计中，空间即留白，既无形又有形，既无量又有量，既无限又有限。例如，中国传统山水画通过大量的留白空间来体现画面传达的言外意境，从国画山水来讲留白是指虚实互为整体。另外，中国传统美学对空间的认识有“形得之于形外”“计白当黑，计黑当白”“虚实相生”。中国太极图就是最好的诠释（图4-24）。

“版面的虚空间”是指版面除设计要素（标志、文字、图片）外的空白空间，也称“留白”或负空间。从美学上讲，留白与文字、图片具有同等重要的意义，在编排图文的同时要顾及负空间，应将负空间当成要素来设计，负空间的设计既能成就一个优秀的设计作品，同时也能“破坏”一个设计作品。因此，版面空间形态的设计也能体现出设计师的水平。

2.以虚衬实，烘托主题

版面的虚与实是相生的。以虚托实，实由虚托，虚实相互补充对比，在中国传统山水画中表现较多，在版式设计中也是常见的手法，即通过留足空间来烘托、展示主题信息，有利于主题信息的诱导传达。至于留白量的多少，可由设计师视版面整体情况而定。

很难想象一个版面没有空间的设计是多么沉郁或嘈杂，没有空间就很难有悦目的设计。平面设计在传达思想内容的同时，也在不断探索空间形式美的表现技能。

图4-23

3.大面积的留白增强版面的品质感

留白多，增强版面的品质感；

留白少，版面信息量大，品质感减弱。

版面留白大，可增强版面空间感、宁静感、品质感，起到增强版面的对比节奏与和谐美的作用；相反，留白少，信息量增大，版面显得紧张，信息不突出，品质感降低。

另外，零散空间易造成结构松散的感觉，布局空间时应尽量将零散空间化零为整，使版面空间获得相对的整体性，使版面形与形、形与空间产生相互依存的美感关系，大与小、黑与白、主与次、动与静、疏与密、鲜明与灰暗等对比因素，彼此渗透，相互并存，交融于版面设计中。优秀的版面设计都灵活地运用了这些技巧。

图4-24

图4-25

图4-23 老台门（50年陈酿）包装设计。毛笔字作为包装设计的主视觉，与画面中的留白，增加产品的高品质感。（设计：许燎源）

图4-24 中国太极图，计白当黑，计黑当白，虚实相生。

图4-25 在红底中要强调另一个重要的信息，最好的办法是利用白色块来衬托该信息。（设计：衍艺广告有限公司）

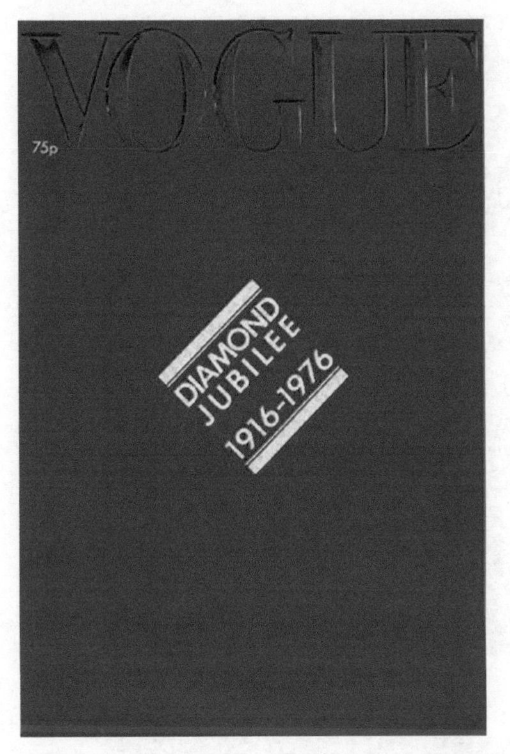

图4-26

图4-26 *Vogue* 杂志封面。*Vogue* 杂志为庆祝50周年生日，在1976年10月刊上使用了红色封面，留白让主题更清晰、鲜明，具有强烈的时尚感。

图4-27 产品手册设计。大量留白增强品质感。翻开手册，左、右页同时呈现在眼前，因此设计时应左、右页整体布局。（图片来源：《古谷品牌画册》内页）

图4-28 产品手册设计。大量留白，寂静如水茶交融，细品茶也品设计。（图片来源：《古谷品牌画册》内页）

图4-27

图4-28

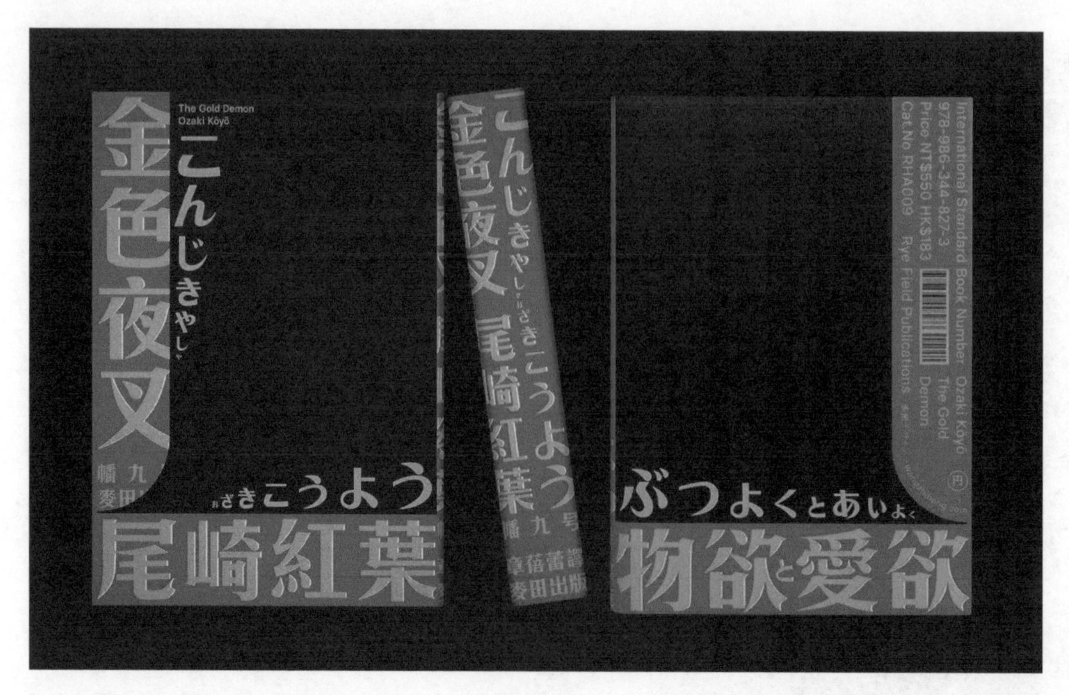

图4-29

图4-30

图4-29 书籍封面设计。设计师将画面空间进行整体规划，把版面有意识留白，在左、下两个边上编排文字。可以看出设计师对版面空间运用的娴熟，手法之高明。（设计：王志弘）

图4-30 《洛伊威集团小册子》内页，左、右页整体设计。文字信息集中编排于左页，左满右空形成强对比，加强了连页的设计感与节奏感，体现了设计师的设计巧思。（设计：Vicky Trainer）

图4-31、图4-32 大量留白与直线分割提升了版面品质感。（设计：杨奕）

图4-33 《坐观》内页设计。追求化繁就简、返璞归真的风格。版面大量留白，简洁朴实，更好地烘托了明式家具的文化语境和传统气息。（设计：洪卫、冼家麟）

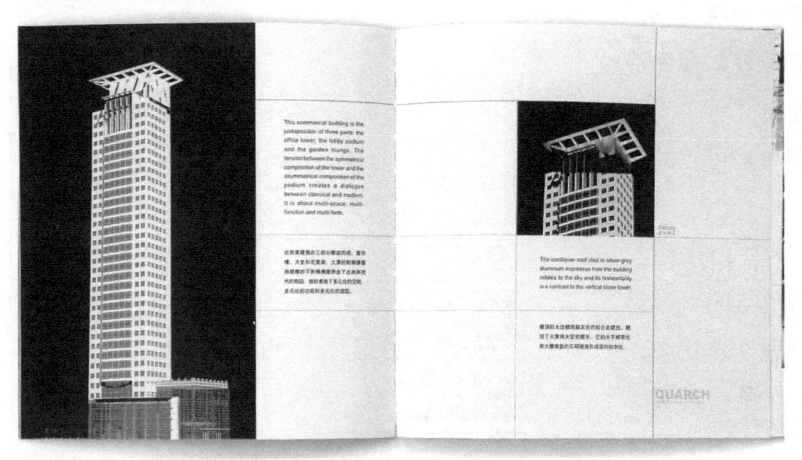

图4-31

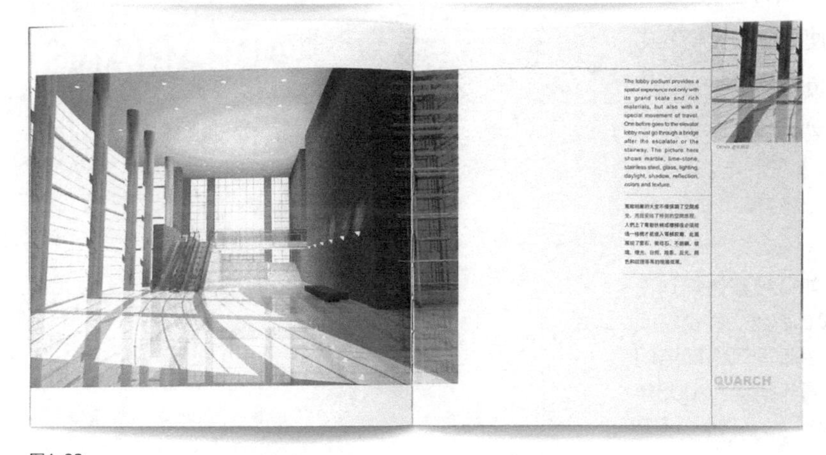

图4-32

图4-33

4、设计负空间：空间的整体设计

由于负空间在设计时常常被忽视而造成版面碎片化，因此本节提出“负空间的设计”概念，并提出“负空间是可控的”的观点。

一般设计者在进行设计时，往往只顾图片和文字的编排而忽略负空间，容易造成负空间被无意分割而出现琐碎状态，也造成版面主体结构松散、杂乱。其实，“负空间是需要被设计的”，在图文设计的同时要兼顾负空间的整体设计，避免负空间的无意识状态，从而使版式更具有设计感。凡设计高手皆视正负形为同等的设计要素，而设计新手容易忽视。

VISION art

Anthony Caro was born in 1924 in New Malden, Surrey. He is perhaps the most influential living British sculptor and has played a pivotal role in the development of twentieth-century sculpture across the Western world. After studying sculpture at the Royal Academy Schools in London, he worked as assistant to Henry Moore. He came to public attention with a show at the Whitechapel Gallery in 1963, where he exhibited large abstract welded steel sculptures brightly painted and standing directly on the ground. In effect, he knocked sculpture - metaphorically as well as literally - off its pedestal and into a more immediate relationship with the spectator. This was a radical departure from the way the art form had hitherto been seen and experienced, an attempt, as Caro put it, 'to make sculpture more real'.

Over the ensuing decades, Caro has developed and expanded what he called 'the language of sculpture' as both an artist and as a highly influential teacher at St. Martin's School of Art in London from 1953 to 1981. His questioning approach opened up new possibilities, both formally and with regard to subject matter, and spawned two significant generations of young sculptors ranging from William Tucker, Tim Scott and David Annesley to Barry Flanagan, Richard Long, Bruce McLean and Gilbert & George. He can therefore be said to have instigated a revolution of sorts in British sculpture over the past 40 years.

A new show of Caro's work at the Annely Juda gallery customarily reveals that Caro is above all a painters' sculptor - much concerned with texture, gesture and above all colour (in this case autumnal plum and russet tones). The exhibition is in three parts but is dominated by The Barbarians, a seven-piece installation of roly-poly clay figures - presented as a procession like that funereal army of clay soldiers unearthed in China - perched on modified vaultinghorses, with clay loaves for tails and clay shards for heads. Caro saw the 'horses' lined up on the pavement outside a junk shop in King's Cross and bought the lot.

BARBARIANS AT THE GATE

天才的艺术创作家总有一种与生俱来的预测能力，他们对新事物到来进行的预测宣告甚至远远超越了对新事物的创造价值。

英国抽象派雕塑代表人 Anthony Caro 凭借一组名为“野蛮人”的象征主义的雕刻作品，再次制造了艺坛的震动。这位年近八旬的老艺术家用坚硬的材料创造了惊人的柔软之感。

进驻城门的“野蛮人”

编译 / Estelle 图 / THE BARBARIANS

162 VISION

图4-34

图4-34 文字、图片、留白三部分被整体规划设计，显示出设计师超强的整合设计思维，将负空间完全当成设计元素进行考虑，使版面风格简洁明快、层次分明。（图片来源：《青年视觉》2003年6月,162页）

图4-35 两个页面图文连接的整体编排，左、右页上半部分都为空，下半部分整体设计。（图片来源：《古谷品牌画册》内页）

图4-36 《藏地牛皮书》第一章页面，是典型正负形整合设计案例。书名和其他信息被整体编排在上部和左边，右下空间留白，整体简洁，正如疏可跑马、密不透风。

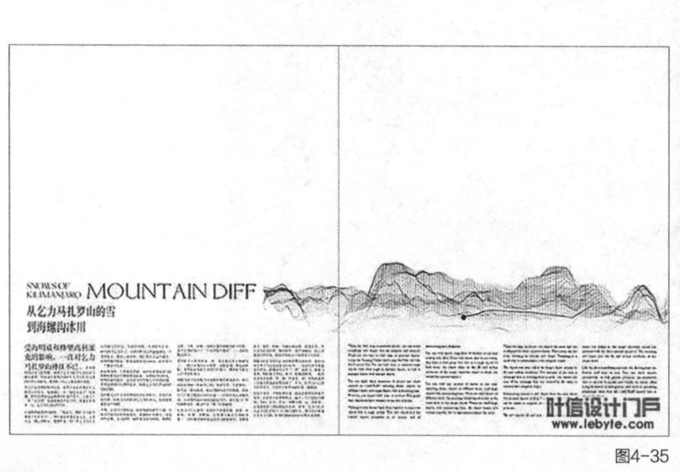

图4-35

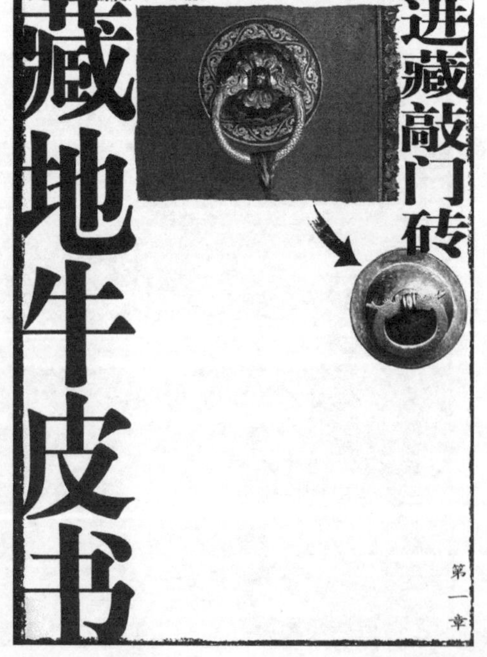

图4-36

5.负空间是有形的

一般人认为，负空间即虚无，其实，负空间是“有形”的。若心中有形，设计即有形；心中无形，设计则为空。因此，形在设计师心中。正如“心有形、形传意”，任何设计只要有构想就能表达出来。

空间既无形又有形，既无声又有声，既虚又实。形、声、虚、实，一切都在设计者心中，空间的设计体现着传统的哲学思想，也体现了设计师的“悟道”。

“负空间有形”也可理解为，设计时有目的地规划空间，负空间不是作为负形而是作为要素，当成与文字和图片同样重要的要素去进行设计，让负空间与图文融为设计的整体，这样既突出了信息，又使版面获得良好的整体布局。

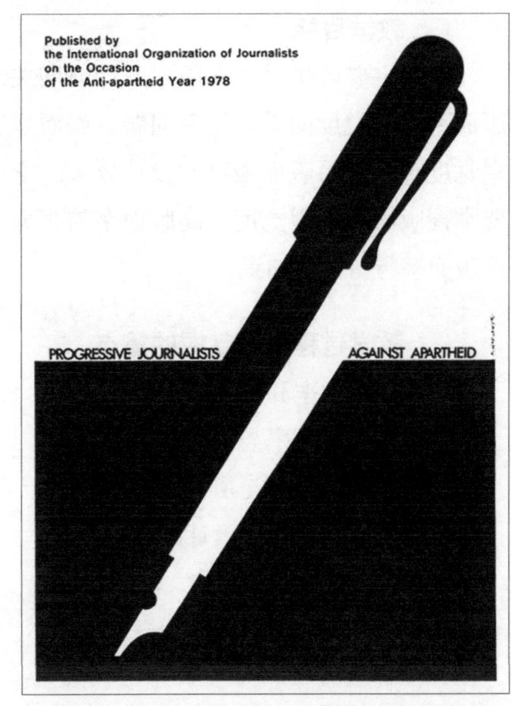

图4-37

图4-38

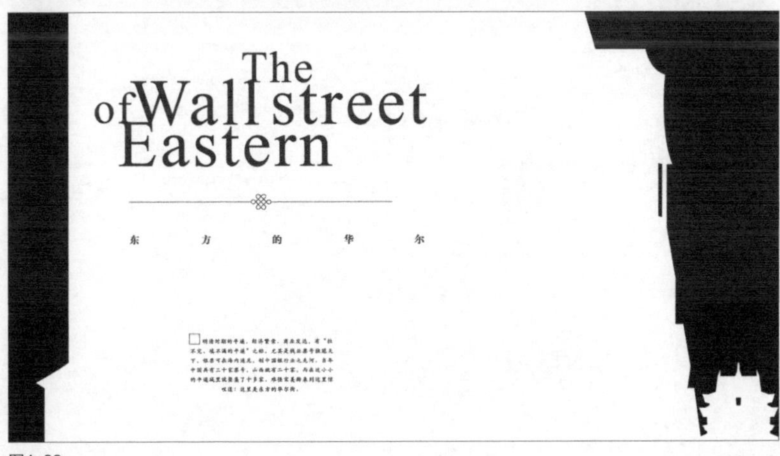

图4-39

图4-37 利用留白创建的钢笔图形。（设计：Mieczys Wasilewski）

图4-38 学生习作。画面表现为山西平遥的城墙，墙为实，实为满也为空。墙相对9朝古都和飞鸟来讲，墙为空，黑白、满空，虚实相生。善于积极利用空间造型的作品是高明之作。（设计：许可）

图4-39 学生习作。留白的背景形态为敦煌莫高窟的侧影。大胆的留白让主题信息更加突出。（设计：许可）

教学目标

本章主要解决学生在版式设计前期关于版面率和视觉度的设计思考问题，版面率、视觉度直接关系版面最终的设计效果。学生要掌握版面率、视觉度、高版面率与张力、低版面率与留白的知识。

教学过程中应掌握的重点

1. 掌握版面率和视觉度的关系
2. 掌握高版面率与张力的关系
3. 掌握低版面率与留白的关系
4. 掌握版面负空间设计的方法

思考题

1. 版面率与视觉度包括哪些知识点，你都理解了吗？请复述它们的特点。

2. 版面率的高低对版面风格调性有什么影响？色彩的强弱、视觉度的强弱对版面率有什么影响？

3. 反思自己的设计，为什么觉得设计不如意，问题出在哪里？设计时考虑过负空间吗？与优秀作品相比有哪些不足？设计时忽视了什么？

4. 当接到设计任务，第一步应该做什么？如何进行思考？

5. 你常对版面进行分析吗？对好与差的版面，你能分析出原因吗？

6. 改造一个不太理想的设计作品，按前4章所学的知识进行分析，找出问题，按原本提供的图文元素重新进行设计，达到理想的状态。

5

第 5 章

版式设计的形式法则

学习版式设计的形式法则，可以增进学生对设计美学的了解与认识，培养和提高学生对平面设计审美认知的思考与分析能力。学生在设计过程中常遇到的困难是如何把握设计，如何进行设计分析与设计批评，如何有目的地编排一个优秀的版式，求取单纯的秩序或表达一种韵律、节奏等，学习版式设计的形式法则能帮助学生获得解决这些问题的方法。

形式法则也称艺术审美法则，它不单是编排的形式法则，也是各门艺术的美学审美法则，即文学、音乐、诗歌、舞蹈、美术与设计等的审美法则，各门艺术依循这些审美法则指导创作出更多丰富的艺术设计作品。版式设计也同样遵循这一法则。本章主要内容包括简洁与秩序、对比与调和、节奏与韵律、对称与均衡、留白与虚实。

5.1 简洁与秩序

简洁与秩序主要是指营造结构简洁、元素简洁且具有良好秩序美和形式美的版面。这种简明的秩序有益于学生更好地把握设计。

简明与秩序有两个特点：编排结构与形式简明，运动方向明确；设计元素单纯并具有重复性。这样可以得到版面简明的秩序美和形式美。

编排前，面对一大堆图文资料，首先要构建版面清晰的设计架构，如单向架构、曲线架构、成角架构，然后在架构上进行元素编排。

注意：设计元素尽量单纯简约，在编排的秩序形式上求变化，达到简约不简单的效果。编排架构和元素越简洁单纯，版面流程越清晰，整体性越强，视觉冲击力就越大；反之，编排元素、流程秩序越复杂，整体性越弱，视觉冲击力就越小。

图5-1

图5-1 版面流程运动方向明确，箭头元素不断重复且层级丰富，产生强烈的如气流般的运动秩序。（设计：成都黑蚁设计有限公司）

图5-2

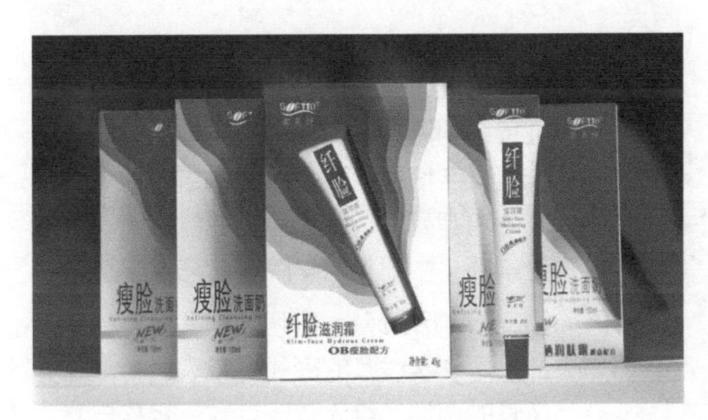

图5-3

图5-4

图5-2 学生习作。西安兵马俑观后设计。看似相似的兵马俑为基本型，但每个人物造型，如头像、服饰、手势，均有异同。另外，在规则排列的人物之间，穿插一条舒缓的弧线流程，使兵马俑与弧线流程形成强弱、曲直、严谨与舒缓、墨色轻与重的对比。看似简略的图形却有着丰富的变化，简略不简单。（设计：四川美术学院许可，1983年）

图5-3 索芙特瘦脸包装形象设计灵感来源于“燃烧脂肪的概念”，放射状的图形与产品方向设计呈一致的运动趋势。（设计：杨奕）

图5-4 主题“天人合一”的字体设计，画面采用统一秩序有韵律的线条，来表达自然山与水之间的和谐，寓意天人合一的理念。(图片来源：2021希腊第6届字体博物馆国际海报竞赛获奖作品；设计：Li Gang）

图5-5

图5-6

图5-5 2021第十届中国国际海报双年展征集系列海报。海报主视觉均为律动的曲线，文字信息随海报运动的方向编排，形式与内容高度一致，尽显曲线之美。（图片来源：中国美术学院设计艺术学院）

图5-6 版面风格采用竖向编排，创意设计采用文字线条的形式感来表达竹器朴实风雅的调性，给人疏密有致、轻松自然、返璞归真的感觉。（设计：石川阳春）

5.2　对比与调和

对比是指将相同或相异的视觉元素做强弱对比的编排。版面的各种视觉要素，形和形、形和背景中均存在大与小、黑与白、主与次、动与静、疏与密、虚与实、刚与柔、粗与细、多与寡、鲜明与灰暗等对比关系。归纳这些对比因素，有面积、形状、质感、方向、色调等，它们彼此渗透，相互并存交融在各版面中。其实，每一件设计作品中都存在着对比关系，只是这种对比关系的强弱不同而已。对比强的为强对比，对比弱的为弱对比，因此要达到良好对比效果，必须要加强明快的对比关系，这才是获得强对比视觉效果的重要手段。

版面的调和：一是内容与形式的调和；二是版面各部位、各视觉元素之间寻求相互协调的因素。对比与调和本身就是相对而言的：有静才有动、有虚才有实、有次才有主等，因此二者之间既有对比又有调和，在对比的同时寻求版面的调和关系。

对比为了强调差异，产生冲突；调和为了寻求共同点，缓和矛盾。二者互为因果，共同营造版面既对比又调和的完美关系。

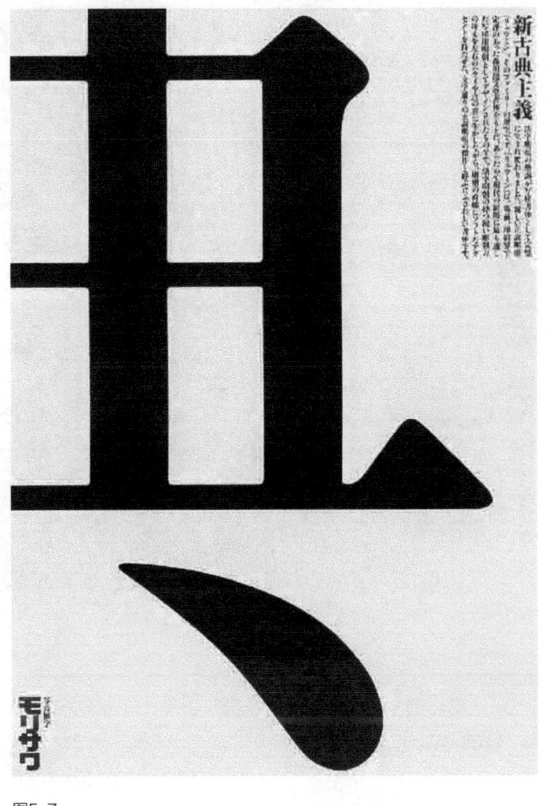

图5-7

图5-7 被切割的文字“典”充斥版面，占据90%的版面率，版面形成强烈的大小、强弱、疏密的对比关系，强化了文字的视觉张力。（设计：田中一光）

图5-8 在书籍编排中常采用一空一满、左右对比的手法来编排。（《石墨因缘：北堂藏齐白石篆刻原印集珍》，书籍设计：袁银昌）

图5-8

图5-9

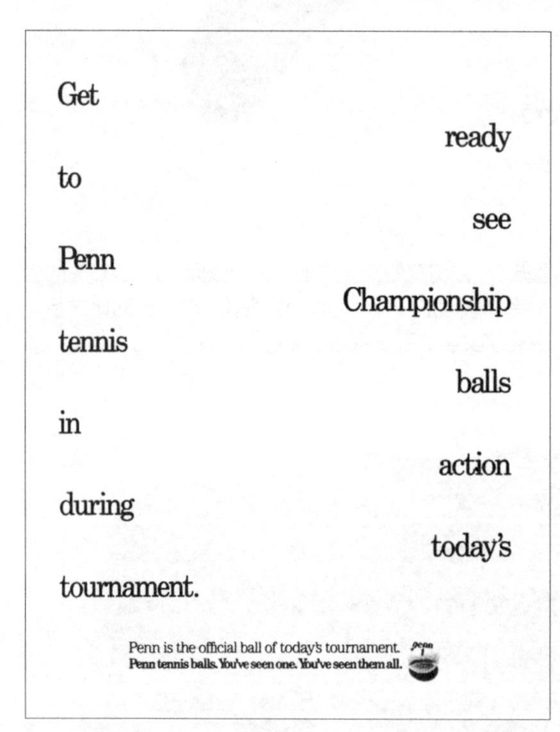

图5-10

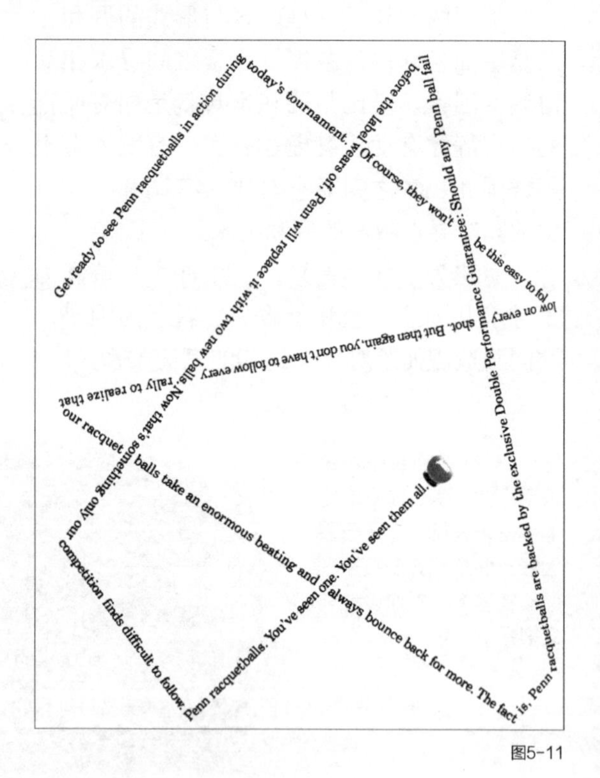

图5-11

图5-9 左、右页整体编排，利用密集编排的文版与空间中“H”的疏密产生对比。（设计：Max Miedinger）

图5-10、图5-11 体现规则与不规则的节奏对比。两图为Penn品牌举行的网球锦标赛的系列广告。图5-10中，文字的编排轨迹参照网球有规则的左右来回节奏编排，产生较平缓的节奏。图5-11中，文字编排的轨迹动态较大，试图表达网球的球技艺术，因此，版面产生出强烈不规则的流程形式。两幅海报通过设计对比的方式来传达行业的属性。（设计：John Seymour）

图5-12

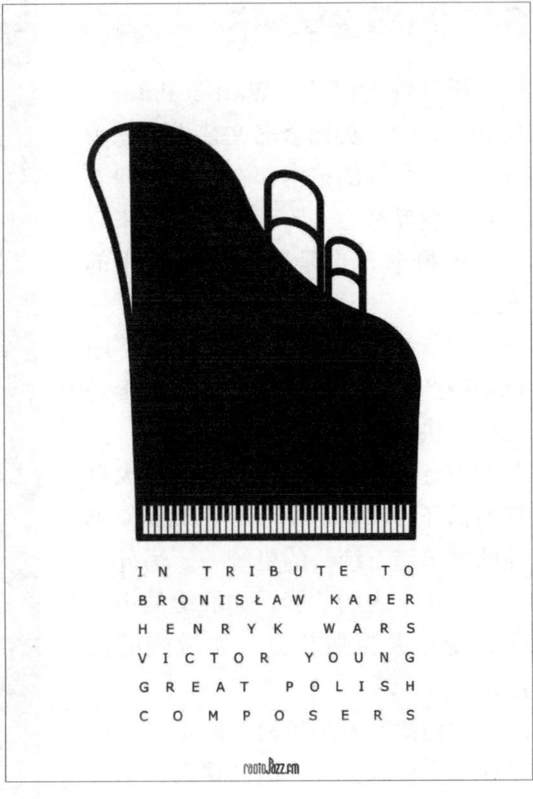

图5-13

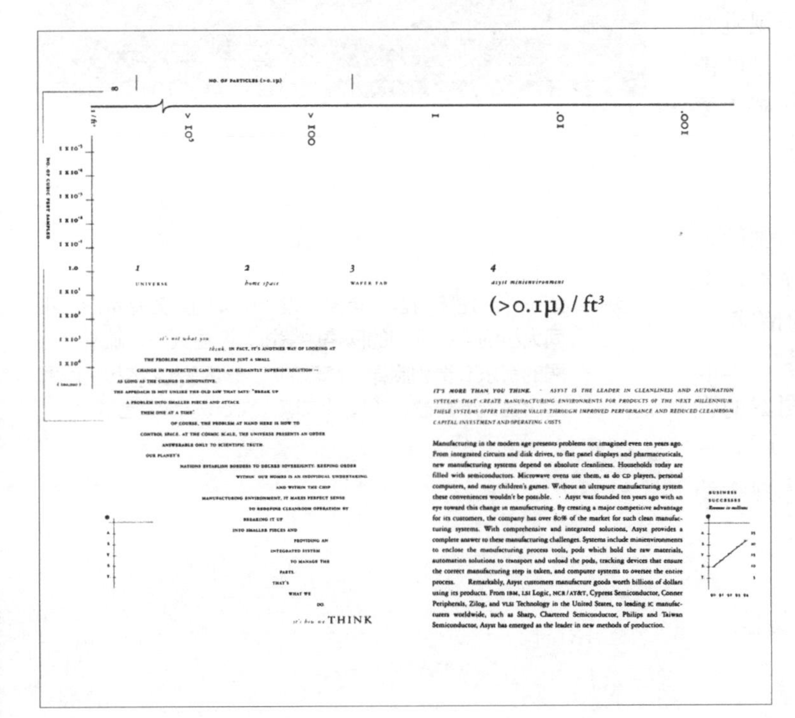

图5-14

图5-12、图5-13 版面色调黑白简明。大面积的黑色与细小的英文字母形成大小、黑白、虚实的强弱对比。（图5-12设计：Werner Jekerx；图5-13图片来源：2020波兰第二届WE WANT JAZZ国际海报大赛）

图5-14 企业年报设计。文字轻松的曲线流程与严谨的方块排版形成动与静的对比、线与面的对比。创意性的对比不仅是图形之间的对比，而且产生在文本之间。（设计：Tolleson Design，Steve Tolleson，Jean Orlebeke）

5.3 节奏与韵律

沃尔特·佩特（Walter Pater，1839—1894，英国著名文艺批评家）曾说：“所有的艺术都在不断地向着音乐的境界努力。”节奏与韵律来自音乐的概念，也是版式设计常用的形式。

“节奏”是均匀的重复。在不断重复中产生频率节奏的变化，节奏是延续轻快的感觉。如心脏的跳动，火车的声音，以及春、夏、秋、冬大自然的循环等都是一种节奏。节奏使单纯的更单纯，统一的更统一。另外，节奏变化小为弱节奏，如舒缓的小夜曲；变化大为强节奏，如激烈的摇滚乐。

“韵律”不是指简单的重复，而是比节奏要求更高一级的律动，如音乐、诗歌、舞蹈艺术等。从版面角度来说，图形、文字或色彩当按着合乎某种规律反复运动时，所给予视觉和心理上的节奏感觉，即产生编排的韵律。本质上，静态版面的韵律感主要建立在大小、轻重、缓急或反复渐变的规律形式上。

韵律是通过节奏的变化产生的，若变化太大则失去韵律的秩序美。节奏与韵律表现为轻松、优雅的情感。

重复使用相同形状的图案，也能产生节奏感。节奏的强弱依图案的强弱和编排的节奏而定。

文字的轻重缓急本身就体现了韵律与节奏。

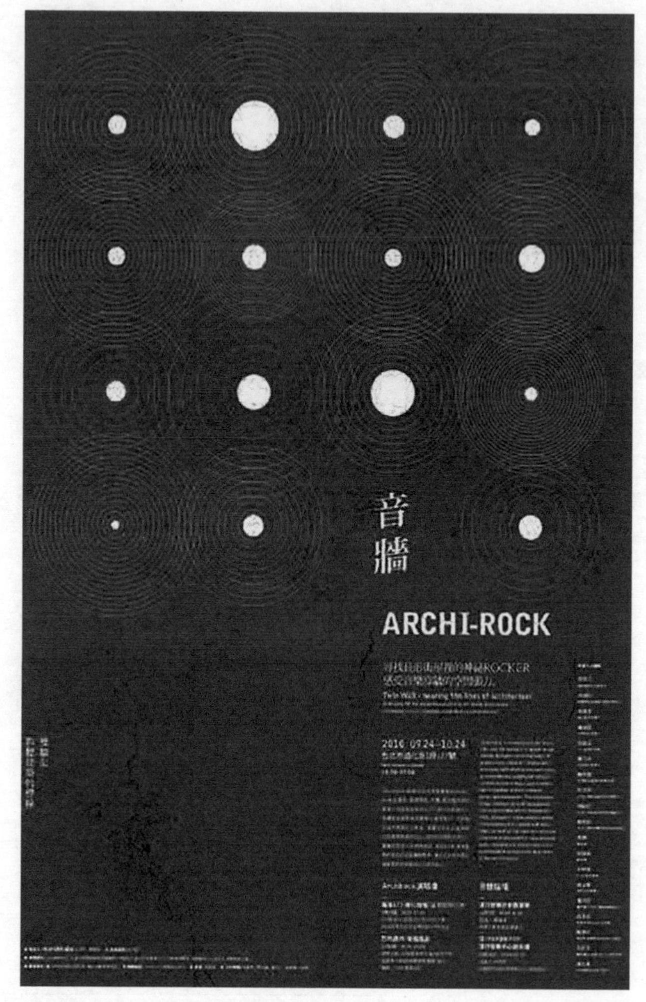

图5-15

图5-15 建筑与音乐特展。设计师以圆点为基本形，不同大小的点在规则的网格中编排，产生大小、疏密、强弱的音乐节奏和旋律。疏散的点与紧密的文本和空间营造出美的节奏感。（图片来源：Archi-rock 音墙）

图5-16

图5-17

During January 1993, the directors of most of these programs were hosted at the Djerassi ranch and became better acquainted with our extraordinary facility. This valuable meeting with the major leaders of other residence artist programs was inspiring to me and to Carol Law, our General Manager, and already we have benefitted from our early acquaintance with these exceptionally talented professionals.

Our short term goal for 1993 is to strengthen the work of the residency program by lengthening the period of occupancy once again from its current lean six months' period while improving and maintaining our permanent facilities; to work with other related organizations in Northern California and around the country to bring cultural events to a larger public; and to expand the mission of the organization to include distinguished conferences on critical topics.

The Djerassi Program has been called the best-kept secret in Northern California's arts milieu. While in residence, artists treasure their privacy like Henry James' Miss Bordereau. But please, let us not extend the metaphor to the organization itself.

The Djerassi Resident Artists Program does not aspire to *be* a Miss Bordereau.

Therefore, let me assure you that we welcome your chatting to your friends about us. Your comments will serve a vital function. Every time you let a friend know that we exist—that we need and welcome their support as well as yours—you aid our cause, no matter what the outcome. By this method you further share our mission of giving the gift of time to those on whom we rely for our continued inspiration and stimulation.

We will continue to work very hard to earn your confidence and trust and welcome any communication to this office. Meanwhile we offer you our genuine thanks for your past support, which has been so critical in rewarding outstanding artistic achievement.

Charles B. Anorkhanian

Charles Anorkhanian

Executive Director, 1993 —

图5-18

图5-16 四折连页整体设计。设计除注重单页的节奏对比外，还要考虑全书设计的整体性。展开页面，产生弱、强、弱、平的节奏。（设计：The Gap/In-House）

图5-17、图5-18 体现动与静的节奏。在宁静的版面中，编排一组活力富有节奏的线段，使版面产生动静的对比与调和。试想，在宁静的旷野中，忽然响起一段富有节奏的节拍声音。这正是设计师欲表达的意境。（设计：1185 Design， Peggy Burke，Andy Harding）

图5-19

图5-19 版面的节奏体现为“整体、局部、整体、局部”或“弱、强、弱、强”的节奏对比关系。（设计：Masaaki Hiromura）

图5-20 以逗号为基本形构成的虚面。每一个逗号都有不重复的角度，都依循着一个方向轨迹的运动，产生出完美的韵律。（设计：Jonael van der Sloot)

SPRUITJE,

Terraria, hangende planten, biologische (micro)groenten & eetbare tuinen.
Jonael van der Sloot • www.spruitje.nu
(+31)611093453 • info@spruitje.nu

图5-20

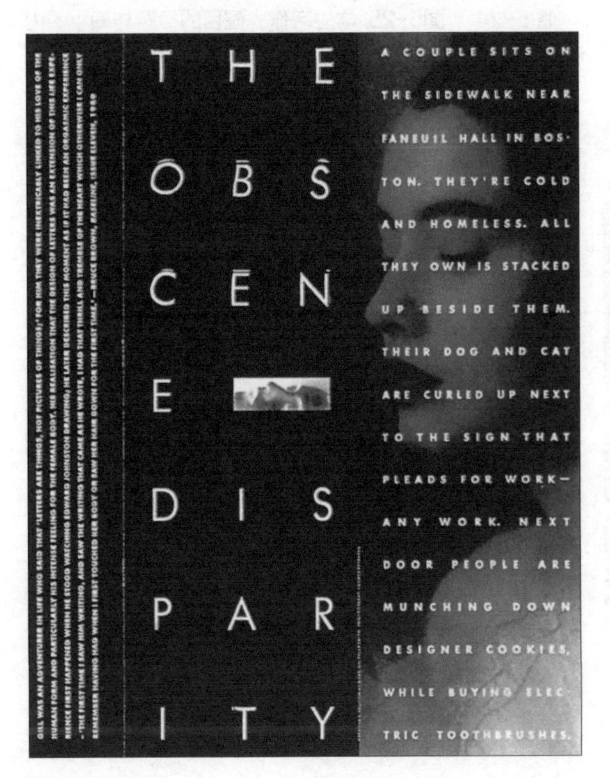

图5-21

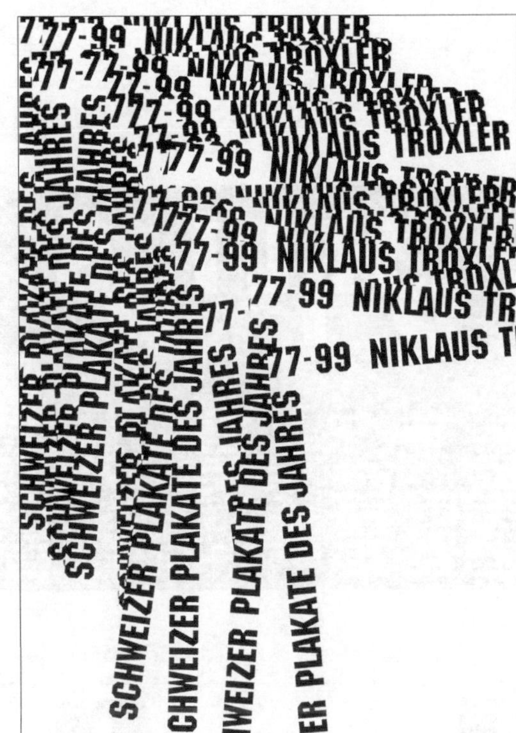

图5-22

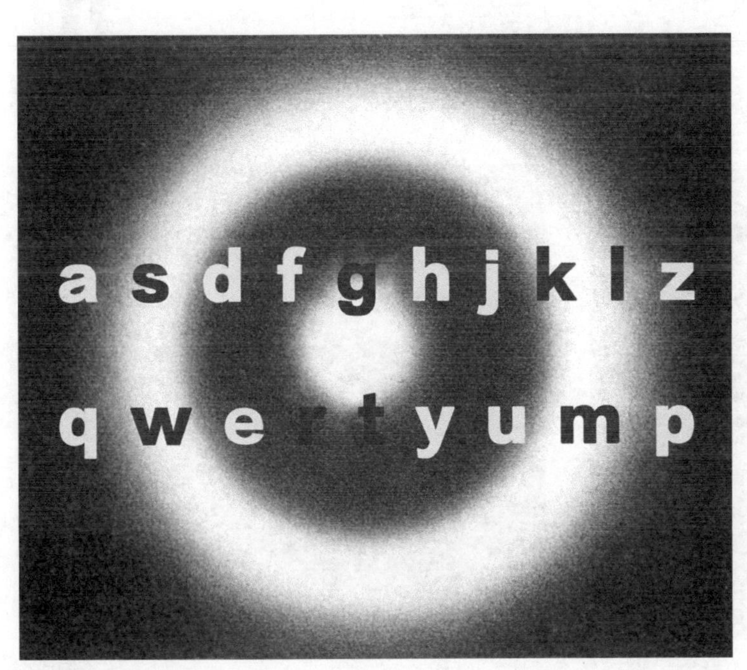

图5-23

图5-21 三组不同字号、疏密层次的文本，产生轻、重、缓、急的韵律与节奏。（设计：Gary Koepks，Tyler Smith ）

图5-22 元素重复编排，由密到疏，设计具有强烈的节奏感和方向运动感。（设计：Niklaus Troxler）

图5-23 以两行英文字作为前景，与背景的色环形成黑白、明暗对比，黑白的交错对比产生如音乐强弱般的节奏。（原图改编）

图5-24 、图5-25 学生习作。醒目的标题与细小的内文错落排列，产生强弱的节奏。（设计：四川美术学院邓智伟，1998年）

图5-26 左边密集的文本与右下角的人物，形成非对称式在心理上的平衡与节奏。文本形成的灰调与人物图像的重色形成对比。（原图改编）

图5-27、图5-28 文本的排列可以产生节奏。图5-27中，文本的整齐排列，显得过于生硬；图5-28中，文本排列错落有致，产生节奏。（设计：何志辉；绘图：杨敏）

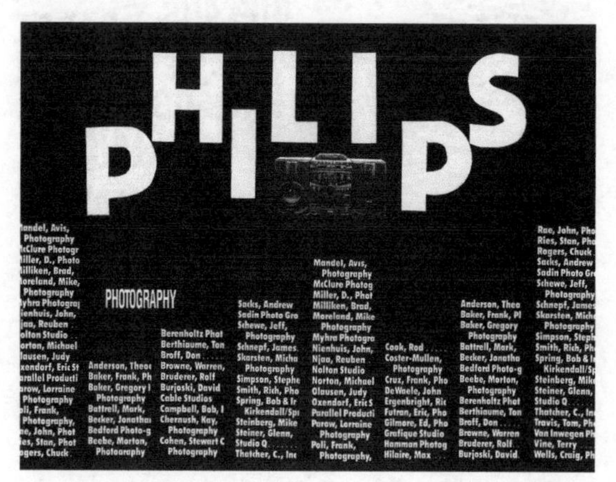

图5-24

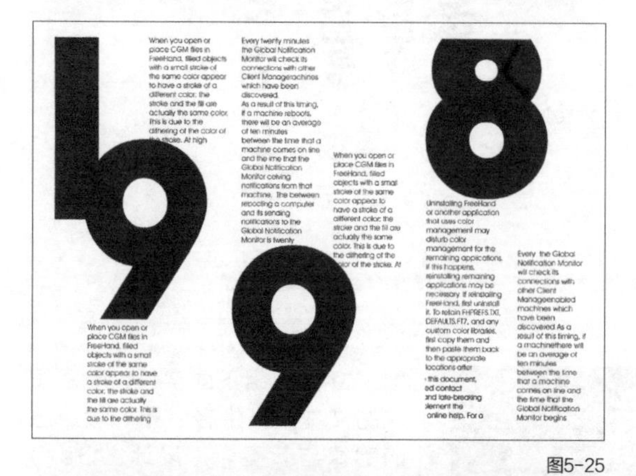

图5-25

NEWSPAPER

June 21, 1981

WITNESS TO OUR TIME: Alfred Eisenstaedt has photographed Hitler meeting Mussolini, Thomas Mann, Joseph Goebbels, Günter Grass, Hedy Lamarr, Rainer Werner Fassbinder, the Great Depression, Leni Riefenstahl, John F. Kennedy, Sophia Loren, George Bernard Shaw, Igor Stravinsky, Vladimir Horowitz, Joseph Stalin, Hiroshima, Yehudi Menuhin, Bing Crosby, Joan Crawford, Fred Astaire, Marilyn Monroe, Tallulah Bankhead, Katharine Hepburn, Lyndon Baines Johnson, Henry Kissinger, Marlon Brando, Charlie Chaplin, Richard Nixon, Nikita Khrushchev, Winston Churchill, W. H. Auden, Robert Frost, T. S. Eliot, Charles Lindbergh, Harry Truman, Franklin Delano Roosevelt, Ernest Hemingway, Bertrand Russell, Ronald Reagan's ranch, V-J Day, Albert Einstein, Alec Guinness, the eyes of Edward Teller, Sinclair Lewis, James Cagney, General Douglas MacArthur, Jomo Kenyatta, Fidel Castro, Clare Boothe Luce, Harold Macmillan, Mikhail Baryshnikov, the Blue Nile Falls in Ethiopia, Rachel Carson, Salvador Dali, Judy Garland, Judge Learned Hand, Dwight D. Eisenhower, General Hideki Tojo, Shirley Temple, Clement Attlee, Queen Elizabeth II, Thornton Wilder, Nelson Rockefeller, Walt Disney, Josephine Baker, the Graf Zeppelin, General George C. Marshall, Dame Edith Evans, Andrew Wyeth, Paul Dudley White, Edward R. Murrow, Leonard Bernstein, Dag Hammarskjöld, Adlai Stevenson, Arthur Rubinstein . . .

图5-26

图5-27

图5-28

设计元素在渐变过程中产生渐次的美、节奏的美，也是编排设计常用的手法，如由稀到密、由宽到窄、由明到暗、由长到短、由正到侧等。

渐变的特点：渐变的元素不多，在核心元素上做重复渐变，令人印象深刻；重复渐变产生节奏与韵律、透视与空间感；版面因重复一般具有饱满、细节丰富和图案化的特点。

图5-29

图5-30

图5-29 2017年大英博物馆展览海报。英文主题从大到小的重复编排，将视觉目光引向北斋的经典波浪元素，突出海报主题，增加画面形式感。

图5-30 “设限”两字局部渐变延伸视觉，形成一组渐变的图案和富有美感的韵律。（图片来源：第三届腾讯SICC服务创新大会海报）

5.4 对称与均衡

对称与均衡是一个统一体，常表现为既对称又均衡，实质上都是为了求取视觉心理上的静止和稳定感。关于对称与均衡可以从两方面分析，即“对称”与“非对称均衡”。

“对称”可分为两种：绝对对称和相对对称。绝对对称是指版面中轴线的左右或上下形态具有完全相同的公约量而形成的静止状态。相对对称是指版面中轴线的左右或上下形态基本相等而略有变化，又称相对对称均衡。绝对对称给人稳定、庄重严肃之感，是古典主义版式风格常用的手法，但容易给人单调、呆板的感觉。相对对称比绝对对称显得更灵活。

“非对称均衡”是指版面中等量不等形。“等量”多指心理的量而不是物理的量，最终寻求达到心理上“量”的均衡状态。“非对称均衡”比“对称”式版面的空间留白更充足，更加灵活生动并富于变化，更具有现代感的特征。

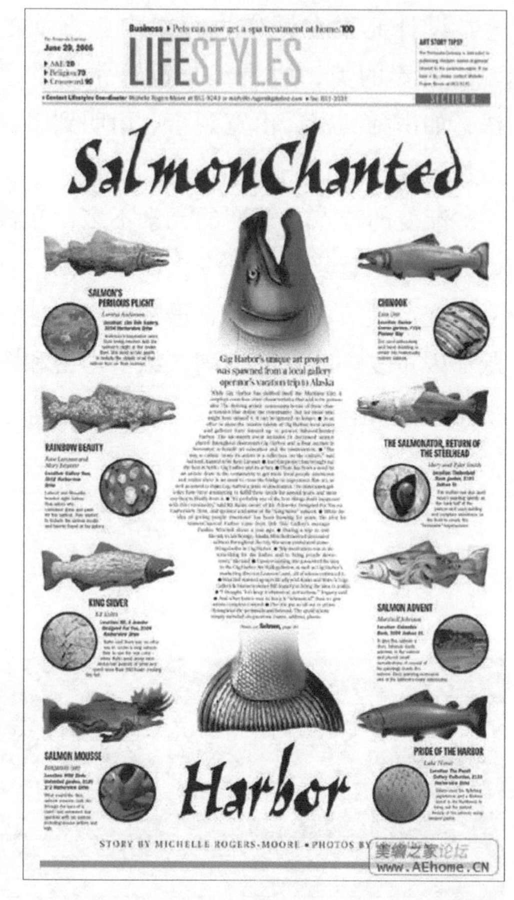

图5-31

图5-32

图5-31 版面结构为相对对称的版式设计，内容排列丰富有趣。（图片来源：*Lifestyles* 期刊封面）

图5-32 百货公司促销的平面广告，版面呈绝对对称的结构，在传统背景中模特服饰透出时尚的气息。（图片来源：《中兴百货的意识形态：中兴百货广告作品全集1988—1999》内页）

图5-33

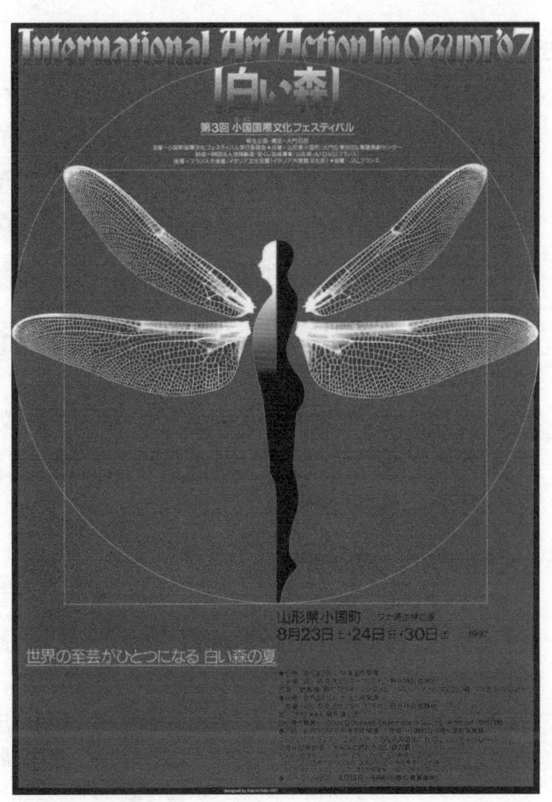

图5-34

图5-35

图5-33 日本兵库陶云美术馆展览海报。版面居中绝对对称，文字自上而下排列，呈现出简洁之美。

图5-34 非对称均衡版面。版面延中轴线居中排版，下方文字左右呈现对称的正负空间，左侧空间大，右侧空间小，更加灵活富有变化。（设计：佐藤晃一）

图5-35 非对称均衡版面。“Dress Code: Are You Playing Fashion?”海报设计。模特压中轴线，左下文本与右上文本位置令版面保持非对称式平衡。非对称均衡的版面比对称的版面有更充足的空间，更显得轻松活跃。（主办单位：东京歌剧院文化基金会、京都服装研究所、NTT城市发展公司）

1.传统版式中的对称手法

“对称结构”在中国传统平面设计中具有典型的特点。对称一般表现为结构的左右对称，甚至绝对对称。传统版式善用框架结构，框架是极其严谨稳固的左右绝对对称结构，如传统的建筑、门户对联、包装和广告等都采用对称的形式。目前，国潮再度掀起了人们对传统文化的热爱和兴趣，传统对称的包装广告再度回归观众的视野。

这种稳定的传统对称观念，体现了中国文化的端庄正气核心精髓，影响了我国世世代代的设计思维。今天我们既要学习了解，也要学会灵活应用，承担起传播我国优秀文化的责任。

图5-36 产品包装采用对称的传统编排形式。（设计：潘虎包装设计实验室）

图5-37 中国传统典型的宗祠“董杨大宗祠”，传统门户的建筑结构一定要绝对对称、稳定，突显世代昌盛。门神和对联也相应呈对称形式。（图片来源：董杨大宗祠，摄影师：方托马斯）

图5-38、图5-39 国潮插画风格，一般使用传统对联的对称编排表现主题，结构稳固。（图5-38 图片来源：李子柒品牌天猫年货节海报；图5-39 图片来源：嘉兴广电阳光伙伴，编辑：菱儿，责编：徐越）

图5-36

图5-37

图5-38

图

2.月份牌广告中的对称结构

20世纪初期到中期，月份牌广告流行于我国大部分地区。当时大商家行号为促销商品，印制月份牌广告画，随商品赠送客户，达到商品的宣传效果。

一个完美的月份牌广告设计，展现出繁丽的巴洛克式美感，多运用对称设计手法，设计元素包括广告字体、边框、商品和年历等，配合得宜，精心组合，强化了中央画面的效果。

对称结构在月份牌广告中以轴对称为主要表现形式，源于人类在漫长的时光中观察自然形态潜移默化形成的一种视觉习惯，并逐步转化成为审美观念。月份牌广告常用的边框图案有各种花草图案、几何线条等，往往将商品或厂商行号、年历整合成一体，自成一种赏心悦目的对称格局。

图5-40 月份牌广告设计。边框为对称形式，由顶部的商行名、左右两边排列商品图、底部的商行信息介绍，以及花草图案的装饰构成。老月份牌广告在当时起着商品宣传的作用，虽然商品没有放在中央，强调中央的人物图像，吸引群体，但整体的边框设计元素全部围绕商行的信息，整体性强。如此繁多的元素以对称结构排列实现了视觉上的整体安稳效果。（设计：稚英画室）

图5-40

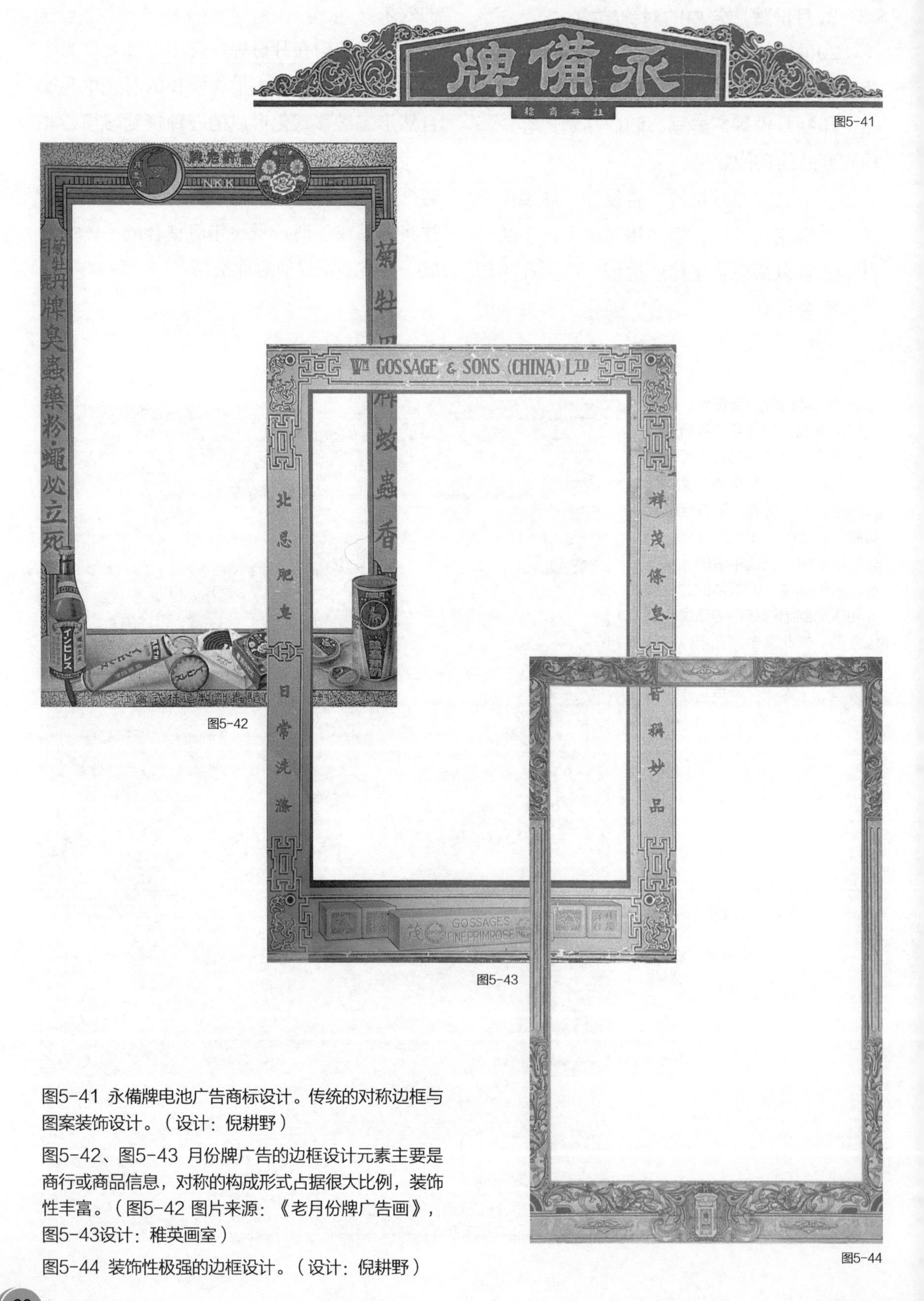

图5-41

图5-42

图5-43

图5-44

图5-41 永備牌电池广告商标设计。传统的对称边框与图案装饰设计。（设计：倪耕野）

图5-42、图5-43 月份牌广告的边框设计元素主要是商行或商品信息，对称的构成形式占据很大比例，装饰性丰富。（图5-42 图片来源：《老月份牌广告画》，图5-43设计：稚英画室）

图5-44 装饰性极强的边框设计。（设计：倪耕野）

5.5　留白与虚实

“留白”为虚、空，“实”为饱满、充实，设计中常虚实相生或化虚为实。我国传统也有“虚可跑马，密不透风”之说，来阐述虚实之间的对比关系。

文学作品的留白莫过于“人面不知何处去，桃花依旧笑春风”，也犹如炎炎夏日的一股凉风，身心通透；国画山水讲究留白，山云之间大片留白，意境给人遐想；人生需要留白，给自己留一份独处的空间，静心思考，哪怕发发呆。同样，设计需要留白，留出雅境，留出品质，留足呼吸，让视觉停息；以虚托实，烘托主题，至关重要。

留白是东方美学的境界，是版面设计形式法则的重要组成部分。本节不多阐释。

图5-45 “印象徽州”海报设计。将中国传统水墨应用于平面设计中，徽派建筑的白墙通过大面积的留白表达，形式与内容上都展现出东方意境之美。（设计：靳埭强）

图5-46 紫金堂忠三朗铁壶展海报。传统书法、壶器与版面左下方的留白，完美地营造了传统壶器的人文情怀。（设计：宁波形而上设计）

图5-45

图5-46

教学目标与要求

版式设计形式法则理论的学习，是对学生编排技巧能力的训练，关键在于培养学生学会自我设计分析与设计批评，尽快提高解决设计过程问题的能力和审美认识能力。它在设计过程中发挥指导性的作用。

教学过程中应把握的重点

理解形式美学的概念，了解美学形式法则的分类和内容要素，包括简洁与秩序、对比与调和、节奏与韵律、对称与均衡、留白与虚实。这些是指导我们进行艺术创作和编排设计的形式法则，能帮助设计师克服设计中的盲目性。在这些美学原则中，较难把握的是，“简洁与秩序”，寻求版面的简约与运用方向视觉流程；“节奏与韵律”，追求版面的乐感与情感；“留白与虚实”，设计版面的空间，给读者留一个宁静思考的空间，增加版面的优雅性，提升设计的品质。只有深刻地理解美学的形式法则才能提升编排的设计品质，同时要善于思考、分析比较，找到作品中存在的问题，找到调整版面的方法。

思考题

1. 版式设计的形式法则有哪些，在版面中发挥什么作用？

2. 简洁与秩序的设计方法对版面产生什么影响及效果？

3. 节奏与韵律的设计手法给版面带来什么情感效应？

4. 版面空间表现有哪些手法？它们在版面中发挥什么作用？

5. 在你的设计中常运用哪些形式法则？

6. 你常对版面进行分析吗？你能分析出其中优劣的因素吗？

6

第 6 章

文字的编排构成

文字在平面设计中占据重要的作用。文字占据版面率的大小、视觉度的强弱、整体编排的层次、标题的跳跃度及编排的形式风格等，都影响着设计传达的品质、视觉风格和读者阅读的兴趣。文字的编排设计虽然有难度，但有规律可循。本章归纳了文字编排设计方法，让学生了解文字编排设计的知识要点、思维方法和技巧，对提高学生文本编排设计的技能、提升平面设计的整体水平起着重要的作用。

→ 文字编排的基本形式
→ 引文的强调
→ 文字整体编排与层级
→ 文字的符号化设计
→ 文字的图形创意
→ 文字的互动性
→ 文字的跳跃率
→ 文字设计的高版面率
→ 文字的动态化
→ 文字的解构与耗散
→ 文字的混序编排

图6-1

图6-1 在1995年计算机普及前，要完成一个平面广告设计的工作非常复杂，广告设计的文字编辑要依靠植字公司，将要应用的字体拿到植字公司植出文字，再粘贴并印刷到墨稿上才算完成正稿。此图是植字公司为设计师提供的字号参照表（胶片），便于设计师在植字前了解自己需要植几号或几磅的字。

6.1 文字编排的基本形式

1.文字对齐

（1）横向对齐：横向对齐是文字编排最常用的形式，如靠左对齐、靠右对齐、居中对齐、左右均齐。设计师可根据创意需要选择。

（2）竖向对齐：竖向对齐一般是指文字的上部或顶部对齐。竖向对齐一般在传统文书的编排中应用较多，文字编排在竖线栏中显得格外整齐，易于阅读。近年来，文字竖向编排也常出现在商业平面设计中，应用广泛。

2.字体、字号、行距与编排层级

对版面中的字体，选用三种字体已能达到良好的视觉效果。数量超过四种则显得杂乱，缺乏整体感。要达到版面视觉层次上的丰富变化，可通过加大或缩小字号、加粗或变化字体，如变细、拉长、压扁或调整行距的宽窄等方法来达到字群的层次关系。注意，字体数量不宜过多，字体数量越多，整体性就越差。

Print situates words
in space more
relentlessly than
writing ever did.
Writing moves words from the sound world to a world of visual space,
but print locks
words into position
in this space.
Control of position
is everything in
print. Printed texts
look machine-made,
as they are.
In handwriting, control of space tends to be ornamental, ornate.
Typographic control
typically impresses
most by its tidiness
and invisibility: the
lines perfectly regular,
all justified on the
right side, everything
coming out even
visually, and without
the aid of guidelines
or ruled borders that
often occur in
manuscripts.

This is an insistent
world of cold,
non-human, facts.

图6-3

除常规的编排外，行距是依据主题内容的需要而定的。例如，娱乐抒情性读物，加宽行距可以体现轻松舒展的阅读气氛。

图6-2 靠右对齐与靠左对齐的文字中轴线形成链状。（设计：John Kudos）

图6-3 依中轴线靠右对齐与靠左对齐的应用版式。（设计：Benjamin Lutz）

图6-4 靠右对齐与左右均齐，注意字体、行距的变化。（设计：Efrat Levush）

PRINT

situates words in space more relentlessly
than writing ever did. Control of position
is everything in print. Printed texts look
machine-made, as they are. Typographic
control typically impresses most by its
tidiness and invisibility: the lines perfectly
regular, all justified on the right side,
everything coming out even visually, and
without the aid of guidelines or ruled
borders that often occur in manuscripts.
This is an insistent world of cold,
non-human, facts.

WRITING

moves words from the sound world
to a world of visual space,
but print locks words
into position in this space.
In handwriting, control of space
tends to be ornamental, ornate,
as in calligraphy.

图6-2

Print situates words in space more relentlessly than writing ever did.

Writing moves words from the sound world to a world of

V I S U A L S P A C E

but print locks words into position in this space. Control of position is everything in print. Printed texts look machine-made, as they are.

In handwriting, control of space tends to be ornamental, ornate, as in calligraphy.

Typographic control typically impresses most by its tidiness and invisibility: the lines perfectly regular, all justified on the right side, everything coming out even visually, and without the aid of guidelines or ruled borders that often occur in manuscripts.

This is an insistent world of cold, non-human, facts.

图6-4

图6-5

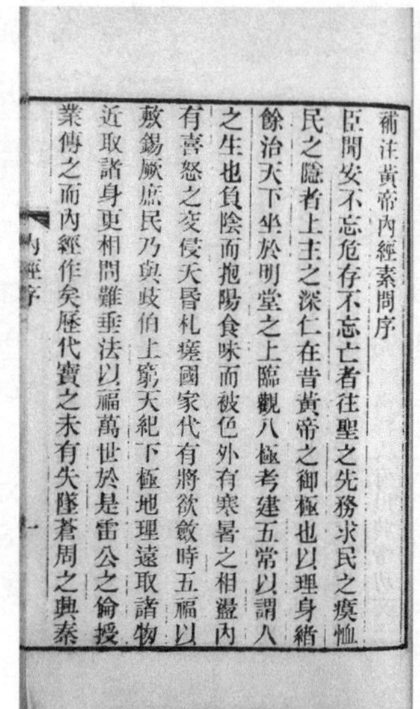

補注黃帝內經素問序
臣聞安不忘危存不忘亡者往聖之先務求民之瘼恤民之隱者上主之深仁在昔黃帝之御極也以理身緒餘治天下坐於明堂之上臨觀八極考建五常以謂人之生也負陰而抱陽食味而被色外有寒暑之相盪內有喜怒之交侵夭昏札瘥國家代有將欲斂時五福以敷錫厥庶民乃與岐伯上窮天紀下極地理遠取諸物近取諸身更相問難垂法以福萬世於是雷公之倫授業傳之而內經作矣歷代寶之未有失墜蒼周之興秦

图6-6

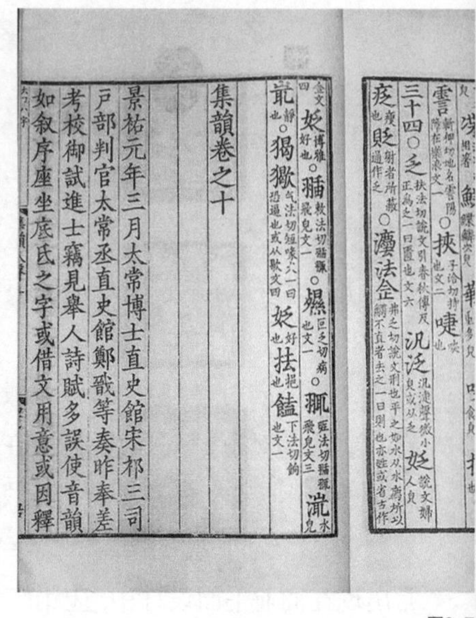

集韻卷之十

景祐元年三月太常博士直史館宋祁三司戶部判官太常丞直史館鄭戩等奏昨奉差考校御試進士竊見舉人詩賦多誤使音韻如敘序座坐底氐之字或借文用意或因釋

图6-7

图6-5 文版字体主要采用长黑体和罗马体，改变其粗细、行距的宽窄变化，构成版面黑、白、灰的空间视觉层次。（设计：Peter Good）

图6-6 中国传统书籍的编排版式，文字竖向编排。（图片来源：《皇帝内经》）

图6-7 传统书籍的文字竖向编排，注意在同一栏中有放大的字加以强调，也有双行排列的编排形式。

图6-8、图6-9 美国加州一所艺术学院的学科专业介绍内页设计。图6-8，在同一页面中，有左右对齐与文版居中对齐的版式，形成对比。图6-9，只用一种字体，由于编排的字号不同，文版显得富有生气。第1行为一级，第2、3行为同级，第4~6行为同级，分栏后的左栏文本再分两级，右栏文本也分两级，整个文本显得非常丰富。

Teaching Assistantships: Available to graduate students, these assistantships are awarded by each of the schools to students who have the ability to perform specific functions.

Residence Hall Assistantships: Available to both undergraduates and graduates. Recipients are selected by the residence hall manager, based on application and qualifications for the position.

Perkins Loans: A campus-based, federally-funded, need-based loan program administered by the financial aid office. These loans are available to both undergraduate and graduate students and are interest free to the student until graduation or withdrawal from school. Although packaged in the financial aid award, these loans require a separate application.

Stafford Student Loans: A federally/state funded need-based loan program available to both undergraduate and graduate students. Lenders include private banks, credit unions, and savings and loan associations. Although packaged in the financial aid award, these loans require a separate application.

Parents Loan for Undergraduate Students (PLUS) *and Supplemental Loan for Students* (SLS)*:* A federally/state funded loan program available to the parents of undergraduate dependent students; graduate students, independent undergraduates, or to dependent undergraduate students for whom the parent is unqualified to borrow.

Short-term Loans: An institutionally funded, interest free, short-term loan program to cover emergencies. Students may borrow up to $200. Loans must be repaid within three months or prior to the next registration period.

AID PAYMENTS

Scholarship aid and all campus-based federal funds (with the exception of work-study) are credited directly to your student account each semester. Any credit from this aid remaining after fees have been paid would be refunded to the student.

Refunds for withdrawal from school are made in accordance with the Institute's published refund schedule, and Institute funds as well as federal funds will be credited back to their respective accounts.

SUMMARY

Plan ahead, meet the deadlines and keep in touch. Financial aid is available.

Financial aid programs, the funding procedures and the application process may change at the state, federal and institutional levels. Our complete FINANCIAL AID HANDBOOK contains the latest information available. You may request it in writing or by telephone, (800) 443-0480.

OFFICERS

STEVEN D. LAVINE
President

BEVERLY O'NEILL
Provost

JOHN S. FULLER
Vice President, Administration

LUCYANN GEISELMAN
Vice President, Planning and Advancement

LINDSAY SHIELDS
Assistant to the President & Director for Outreach

THOMAS LAWSON
Dean, School of Art

CRISTYNE LAWSON
Dean, School of Dance

MYRON EMERY
Acting Dean, School of Film and Video

DAVID ROSENBOOM
Dean, School of Music

RUBEN SIERRA
Dean, School of Theatre

MARTIN VAN BUREN
Acting Dean, Division of Critical Studies

FREDERICK B. GARDNER
Dean of the Library

G. CAROLE LONG
Dean, Office of Student Affairs

ANITA BONNELL
Director of Public Affairs

D. DEAN HOUCHIN
Controller

KENNETH YOUNG
Director of Admission

BOBBI HEUER
Director of Financial Aid

NANCY WHITTEMORE
Registrar

图6-8

THE SCHOOL OF

THEATRE

RUBÉN SIERRA, DEAN

The School of Theatre is a conservatory, a place where oral tradition is continued; where the craft and artistry of professionals is passed down from one generation to the next. The program encourages artists to develop disciplined standards of excellence while nourishing their imaginations. The faculty, a core of theatre professionals, carefully guide each student's artistic and creative development.

The School of Theatre has four programs: Acting, Directing, Management, and Performing Arts Design and Technology. Students are given experience in varied theatrical genres—from Shakespeare to modern farce to innovative experimental forms. Although theatre study and production is at the core of the various curricula in the theatre school, Design and Management students are given opportunities to work in art, music, dance and film/video.

Performance and design opportunities are sequenced so that lower division students participate in non-public projects in one of the School's three small theatres or in other locations throughout the Institute. Upper division students participate in public projects directed by faculty members, guest artists, and graduate students. Performance and design opportunities cover a variety of venues—mainstage productions, contemporary/experimental productions which will include new works projects, and a series of cabarets.

The School of Theatre is committed to the development of multicultural/multiethnic projects and to collaboration with the other schools in the Institute. The graduating company presents an evening of audition pieces in a showcase in Los Angeles which is attended by agents, casting directors, and producers from the motion picture and television industries as well as directors and artistic directors from many regional theatres.

THE PROGRAM IN ACTING

图6-9

6.2　引文的强调

在正文的编排中，我们常会碰到如摘要、引文等重要信息。摘要是文章段落内容概述，引文是导入正文的信息。编排时可给予特殊的空间来展示和强调，同时也使版式风格更独特和更有设计性。引文的编排方式有多种，如将引文嵌入正文栏的左边、右边、上方、下方或中心位置等，并且在字体或字号上可与正文相区别，如倾斜产生变化。为了更好地突出引文，刻意留出空间可使引文更加醒目。

图6-10 *Communication Arts* 书籍内页。引文置于两栏中间位置并靠左对齐，用斜体来区别正文。

图6-11 *Design Annual* 书籍内页。引文嵌入两栏中间的版式设计。

图6-12 *Design Annual* 书籍内页。在两栏网格中，有意划分出上、下两个空间来编排引文，为更好地突出引文，将页面上端版心线下移。

"Since 1980, 76% of the existing certification programs have been created, and many provide multiple categories within established professions. Most of these new programs have been created in response to greater demand for career recognition and quality assurance," Jaffeson said. "Design organizations are perfectly positioned to develop and implement these programs nationally, which have proven to benefit practitioners, clients and the general public. I have just three words of advice for them: Do it now!"

There are those who have said that any time and energy spent on a serious study of certification would be a complete waste. Perhaps, although it's hard to think of time spent on the study of a process that might alter for generations to come what we do, who does it, how we do it and how we are perceived by those whom we're trying to reach as a complete waste of time.

How do we proceed then to develop a proper certification program?

I've got news for you. There already *is* a certification program for designers. Or at least for some people who *think* of themselves as designers. The AGA Center for Graphic Arts Education, which has locations in New York, New Jersey and Long Island, is already offering what it calls "The DTP Designer Certification Program and Exam."

To quote from their flyer, "In the exploding world of desktop publishing, many people these days call themselves DTP designers. But how is an employer to judge an applicant's skills? How can a skilled designer stand out from the crowd? It is for this reason that the industry has been seeking a baseline professional standard. Now it has one: AGA's Desktop Publishing Verification Examination. It provides a broadly recognized technical yardstick. Pass the examination and you hold credentials you can carry into an expanding competitive marketplace."

Let it be noted that all the courses listed are practical and technical: "Intro to Mac," "Intro and Power user Photoshop," "Intro and Power user QuarkXPress," etc. Not a single course on design theory, the history of design, creative thinking or the like, much less semiotics, visual perception, literature, philosophy, marketing or anything else that might in some way actually change the way a student thinks about visual problem-solving.

If we follow this scenario to its logical conclusion, it won't be long before designers with years of training and experience will be losing projects to DTP designers just because the DTP designers have been certified and "real" designers have not. And why not? If "real" graphic designers haven't been able to define what exactly is "real" about them in over 50 years, perhaps there is *nothing* real about them? I don't happen to believe this, but I can see how a client might.

As I see it, the biggest danger in our standing around with our collective heads buried in the sand is not in the possibility of our losing work to DTP people. If we can't convince a client we should be hired over someone less qualified and less experienced, then I guess we shouldn't be hired.

My biggest fear, and it is shared with Gunnar Swanson, is that these kinds of certification programs, where the emphasis is on "short-term training rather than on lasting education" will further erode both our design education system and will continue to lower the overall quality of our visual environment.

It comes as no surprise that most of the resistance to any serious consideration of a certification program is coming from experienced designers with distinguished careers. They didn't need certification to succeed, why should anyone else?

We, as a profession, can't and probably shouldn't, try to limit a college's right to offer whatever courses and programs it wishes to, but we might be able to limit the negative effects of such distorted and misleading certification programs by going public with a more comprehensive and all-encompassing certification program of our own, one endorsed by all the various design associations and organizations.

A certification program, by its very existence, might help to reduce the supply of designers while at the same time raising the expectations of clients, thus increasing the level of demand. However, if graphic designers really want to help clients understand what they should expect and demand from a graphic designer, a full-blown advertising and public relations effort would have to be mounted. This takes a lot of money.

Where would this money come from? Somehow I don't think that asking designers, who are already struggling to make ends meet, to donate their hard-earned cash to some kind of a slush fund to be used to promote the design profession, will be too successful. Which brings us back to a certification program. It might take years to get there, but, sooner or later, a portion of the money earned in a certification program could be

图6-10

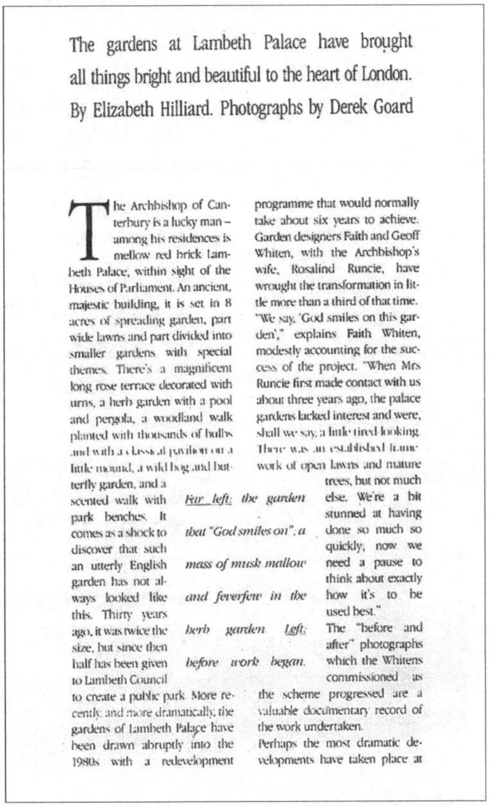

The gardens at Lambeth Palace have brought all things bright and beautiful to the heart of London. By Elizabeth Hilliard. Photographs by Derek Goard

The Archbishop of Canterbury is a lucky man – among his residences is mellow red brick Lambeth Palace, within sight of the Houses of Parliament. An ancient, majestic building, it is set in 8 acres of spreading garden, part wide lawns and part divided into smaller gardens with special themes. There's a magnificent long rose terrace decorated with urns, a herb garden with a pool and pergola, a woodland walk planted with thousands of bulbs and with a classical pavilion on a little mound, a wild bog and butterfly garden, and a scented walk with park benches. It comes as a shock to discover that such an utterly English garden has not always looked like this. Thirty years ago, it was twice the size, but since then half has been given to Lambeth Council to create a public park. More recently, and more dramatically, the gardens of Lambeth Palace have been drawn abruptly into the 1980s with a redevelopment programme that would normally take about six years to achieve. Garden designers Faith and Geoff Whiten, with the Archbishop's wife, Rosalind Runcie, have wrought the transformation in little more than a third of that time. "We say, 'God smiles on this garden'," explains Faith Whiten, modestly accounting for the success of the project. "When Mrs Runcie first made contact with us about three years ago, the palace gardens lacked interest and were, shall we say, a little tired-looking. There was an established framework of open lawns and mature trees, but not much else. We're a bit stunned at having done so much so quickly; now we need a pause to think about exactly how it's to be used best."

Far left: the garden that "God smiles on": a mass of musk mallow and feverfew in the herb garden. Left: before work began.

The "before and after" photographs which the Whitens commissioned as the scheme progressed are a valuable documentary record of the work undertaken.

Perhaps the most dramatic developments have taken place at

图6-11

expect Guy and Fiona Sangster's first house as a married couple to resemble an upmarket stable with horses everywhere and even one or two tethered in the garden. However, evidence that Guy is the son of one of the world's most famous and successful racehorse owners is not immediately apparent.

A guest would have to be very nosy to find any signs of Guy Sangster's racing heritage in his home. There are one or two silver-plated horse shoes, one discreetly engraved: *Assert, winner of the French Derby and Irish Derby, with fond memories, Daddy and Sue.* Alongside is another shoe belonging to Golden Fleece who won the Epsom Derby in 1982 and was probably one of the most magnificent horses that Robert Sangster has owned.

Guy and Fiona were married last August in Malmesbury Abbey and have one horse in training this season. Fortunately this lives with their trainer William Jarvis who was at Harrow School with Guy. The colt Pappagello is leased from Guy's father. Last year Guy won the Bunbury Cup at Newmarket with his filly Baldomero, but is hoping for even greater things with Pappagello. He has a small share in one other horse and says he "longs to have more". In the meantime he works for Grantcheston, an industrial holding company.

The house which Guy bought on his marriage is situated in what estate agents would refer to as a 'quiet backwater of Chelsea'. The street is lined with trees and every garden has clouds of wisteria growing up the perimeter walls. The house was in a terrible state when they first moved in — the roof and the ceiling on the top two floors had to be completely rebuilt. It nevertheless suited Fiona that the house was hers to organise.

As a professional cook Fiona had always dreamt of designing her own kitchen. She works on a freelance basis and at times has single-handedly cooked dinner for two hundred and fifty people. She has also been asked to help with some more unusual requests such as breakfast in bed for two accompanied by a string quartet! Her new kitchen is a design feat. As a result Fiona says she can cook much more efficiently, without having to spend hours searching for a particular saucepan or herb. Her cookbooks stand in regimented order — her favourite one is by Roger Vergé, the chef at Moulins des Mougins in France. Guy has a fine cellar of wine which complements his wife's food. However, she reflects, "We are out so often that it is a treat to be at home and the last thing either of us would want is a six-course dinner with everything covered in cream sauces." A small pot of caviar caught our eye in the fridge: "I use it for decoration if I am cooking cocktail food, but unfortunately Guy is very fond of it and is always taking mouthfuls!"

The dining room which is on the same floor as the kitchen has some of Guy and Fiona's wedding presents on display including the very pretty set of Limoges 'Morning Glory' china and a picture by Mathew Smith of flowers in a vase which was given to them by Guy's grandmother. The drawing room, on the next floor, is where Fiona has her desk, above which hangs a picture by Herring. This is one of the few pictures of a horse in the house — besides the portrait of The Minstrel who won the English Derby in 1977.

Of all the rooms in the house they love their bathroom. This is decorated with a mural which they commissioned from their great friend Marcus May. It depicts the South of France and Southern Italy where they spent their honeymoon. "Marcus has managed brilliantly to combine the two and it is rather wonderful to be reminded of our honeymoon every time we have a bath." They also have a framed picture of the service sheet from their wedding hanging in the bathroom.

Another favourite room is their small sitting room which is covered with pictures of their immediate family. Fiona says, "I felt it was very important to have one room which we could make a mess in and have the television." There is a comic wooden butler, which Fiona found in an antique shop, which stands deferentially beside Guy's chair. A handsome pair of antlers also hangs in this room, from a stag that Guy hunted in Scotland while staying with some friends. "It took five hours of crawling through heather to win the trophy," he says.

A deep sapphire blue has been used to dramatic effect in the dining room and creates a magical atmosphere by candlelight. Some of Guy and Fiona's wedding presents are on display here: the painting, by Mathew Smith, was a gift from Guy's grandmother; a magnificent Limoges dinner service is set out in the wall niches.

图6-12

VOGUE ATTITUDE

态度

“以前我一直在寻找能够理解自己的人，但是我错了，这个世界上没有一个人能完完全全地理解你，你只能让不同的人来理解你的不同侧面。”

“学会放下，我反而什么都能面对了”

图6-13

Indiana Daily Student

OPINION

SELON MOI

Stop unfairly criticizing John Green

EDITORIAL BOARD

LET US CRACK OPEN A COLD ONE WITH THE BOYS

Indiana liquor laws do not serve the public

NOT HOT TAKES

Pass legislation for automatic voter registration

图6-14

图6-15

图6-13 *Vogue Attitude* 杂志内页。五栏网格。引文在第四栏上方有意突破版心线，引人瞩目。

图6-14 美国《印第安纳学生日报》。在六栏基础网格中，标题嵌入“瓶型”的空间中，使主题更加突出、生动。

图6-15 *Plastique* 杂志。版面设计两个圆形，分别编排在杂志左、右页中，一个在寂静空间中，对比强烈；一个嵌入三栏网格的圆形空间中，左右呼应。

6.3　文字整体编排与层级

1．文字的整体编排

文字的整体编排是将文字的多组信息编为一个整体形，如正方矩形、竖方矩形、横方矩形等。寻求文字信息群组化编排的作用和注意要点如下。

（1）整体编排首先出于设计师的意图。被“群组”的文字信息一般多为要传达的主要信息，如标题或宣传口号等，希望通过字群化表达简洁整体的设计风格。编排时，首先注意字群的整体性，其次注意字群的大小、层次或色彩的变化。

（2）版面文字信息较多，采用多栏网格的方法，将文字按栏的规则编排来获得良好的秩序性和阅读性。多栏网格有着严谨组织和逻辑美感，版面常给人良好的品质感，是版式编排设计常用的手段。我们要会运用整体组织文字这个现代设计的表现手段，来制作出优秀的设计作品。

在日本的平面设计中，将文字群组化编排的运用已达到极致和严苛的程度，它已成为日本设计的风格特征，尤其是日本早期的设计更为突出。

图6-16

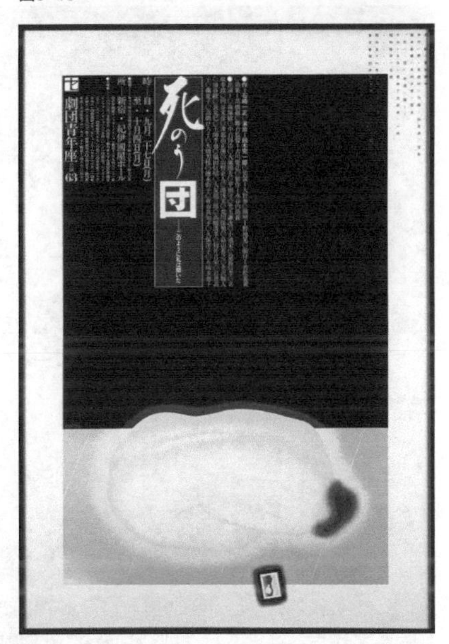

图6-18

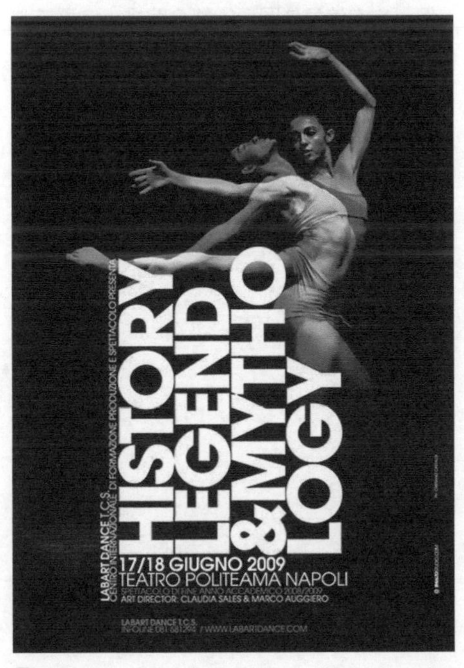

图6-17

图6-16 华通国际招聘海报。放大的主题与其他字群信息连接为规则的矩形整体，整体干净清晰，主题明确。

图6-17 海报所有信息整体排列，构成文字的虚面即主视觉，字群层次清晰。(设计：Politeama Napoli)

图6-18 日本平面设计，字群整体的编排设计几乎达到严谨的苛求程度，“死之团”标题字形的空间较多，设计师用同一色相的底色块与字群同构，以获取字群整体组织。注意，在字群编排中也有不同的字号层级变化，可见设计师的用心。（设计：佐藤晃一）

图6-19

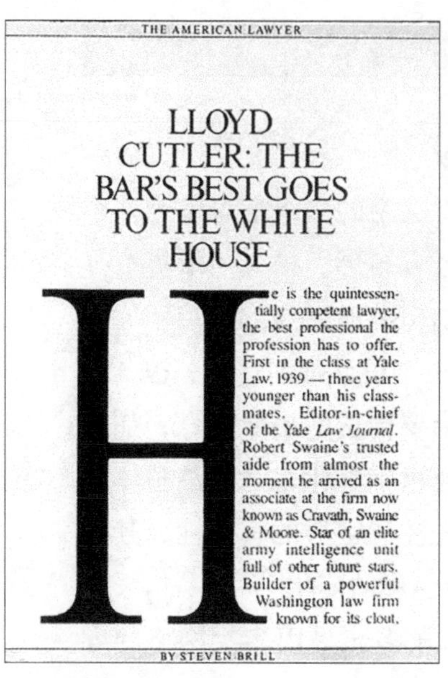
THE AMERICAN LAWYER

LLOYD CUTLER: THE BAR'S BEST GOES TO THE WHITE HOUSE

He is the quintessentially competent lawyer, the best professional the profession has to offer. First in the class at Yale Law, 1939 — three years younger than his classmates. Editor-in-chief of the Yale *Law Journal*. Robert Swaine's trusted aide from almost the moment he arrived as an associate at the firm now known as Cravath, Swaine & Moore. Star of an elite army intelligence unit full of other future stars. Builder of a powerful Washington law firm known for its clout.

BY STEVEN BRILL

图6-20

图6-22

图6-19、图6-20 放大的字母与文案连为整体，同时与成块状的文字产生强烈的对比。（设计：Fabien Baron）

图6-21 多个首字母放大，内文镶嵌其中连为整体，设计相对严谨有序。首字母、标题、内文与留白构成黑白灰的空间层次。（设计：Fabien Baron）

图6-22 影像场所海报。优秀的整体编排案例。文字信息与图形的整合编排，字群在整体之中富有变化，图形的舒展与文字的紧密构成整体对比关系。

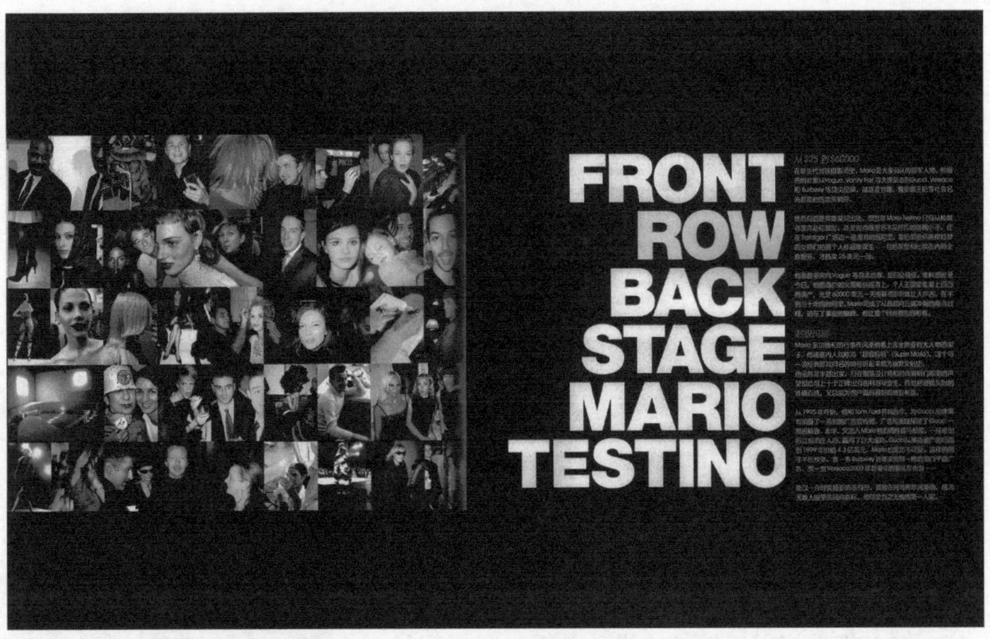

图6-23

图6-24

图6-23 图、标题与内文整体编排的案例，左、右页上的三部分信息具有整体的统一规划感，整体中又不失局部精彩变化。（图片来源：《青年视觉》，2002.8，第18页）

图6-24 京都精华大学展2020海报。文字整体排列构成矩形，主题信息文字设计精美，矩形字群空间配置小号文字，使字群层次丰富，严谨与和谐。

2．字群的层级编排

字群的层级编排主要包括两个概念，一是文字要群组化；二是在群组编排的基础上寻求不同层级的变化。字群层级化的目的及作用是通过字群的层级化设计，让作品中的重要信息得到更好的强调传达，让主题信息突出，同时使多个信息编辑为整体，让版面更加简洁干净，增强设计的整体规划设计感。掌握层级关系的运用有助于设计师对文字信息主次关系的梳理、版式整体架构的思考。

对字群的层级编排应把握以下几点。

（1）确定文字层级内容和层级关系。

（2）尝试字群的编排形式。

（3）把握好层级编排的设计关系，包括字号大小、字体粗细、动静、主次强弱及色彩等；加大主次的层级对比，让主题信息更加突出。

（4）版面中的层级数目需要适量有度，2个层级显得不足，3~5个层级为佳，5个以上层级则初学者难以把握。在色彩层级上采用双色或两个为佳。

（5）在字群四周留足静空间，以烘托字群。

图6-25

图6-25 “HOME LESS”放大与其他文字产生大小层级，同时撕拉效果的运用也使得红底和黑底产生前后空间上的视觉层次。（设计：蒋明君）

图6-26

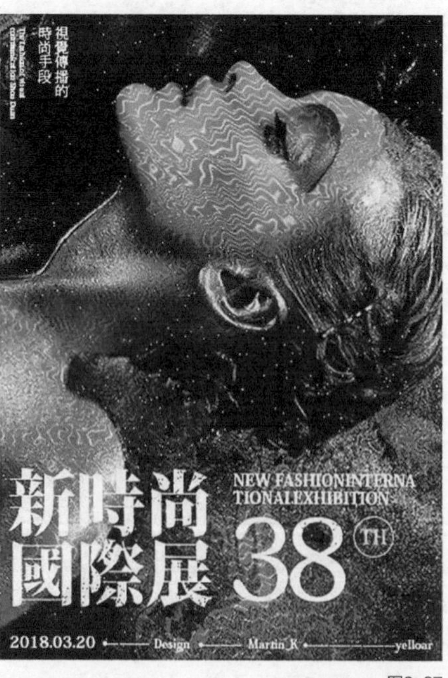

图6-27

图6-26、图6-27 两个版面中，同一主题信息的编排案例，呈现出两种不同比例的编排。仔细比较，图6-26采用了群组编排；图6-27加大了字群层次的变化。第一层次：38；第二层次：新时尚国际展；第三层次：英文；第四层次：符号化TH。关于字群的视觉度，字号越大，视觉度越强。若为杂志封面，则要求有更强的视觉度。（设计：Martin K，目前国内资深的青年设计师，在版式设计上具有丰富的经验）

图6-28

图6-28 文字层级与空间层次兼具的案例。文字大小层级区分打破了版面编排的单调性；人物与文字的前后遮挡突出版面前后的空间层次感，极大地活跃了版面。（自编图例）

图6-29 通过将人物与文字在视觉上构成交叉联系，营造出动静结合的画面感与丰富的空间层次感，十分具有视觉感染力。（设计：Yvonne Cao）

图6-30 巧妙地将文字与图案穿插在一起，通过手与文字的前后遮挡加强版面的空间感，同时版面整体达到图文并茂的效果。（设计：刘佳颖）

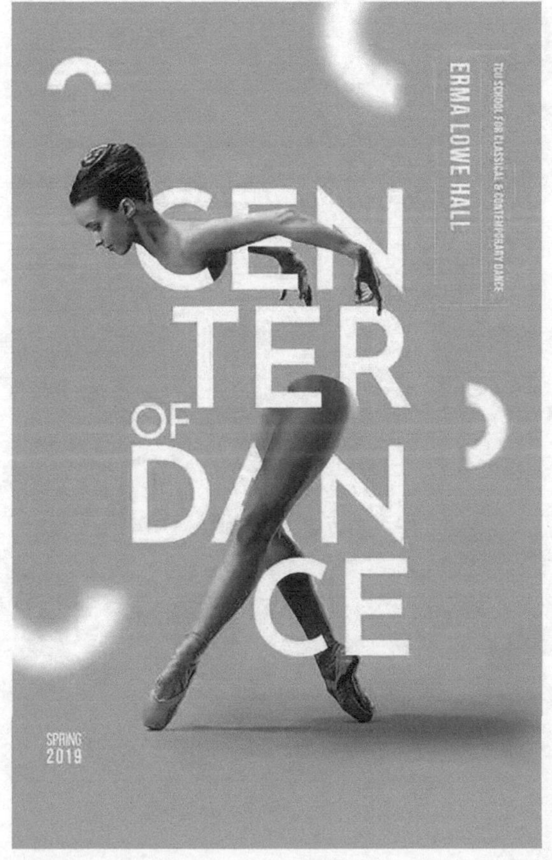

图6-29

图6-30

中国瓷都展
CHINA POR EXHIBITION

新时尚国际展
38TH
NEW FASHION INTERNATIONAL EXPOHTON

第一届 青花·中国传统器物博览会
2021 8.1sun 9.23tue
中国瓷都
01
CHINESE ERAMICS
传统青花之美

2021第一届
THE FIRST CHINESE TRADITIONAL UTENSILS EXPO IN 2021
中国传统器物博览会
8.1sun－9.23tue
景德镇陶瓷博物馆
JINGDEZHEN CERAMIC MUSEUM
主办机构：景德镇陶瓷大学美术学院

NEW 2013 ARRIVAL
新品上市

青花之美
中国传统器物博览会
THE BEAUTY OF BLUE AND WHITE
12/19 六 — 1/30 日
景德镇陶瓷博物馆
JINGDEZHEN CERAMIC MUSEUM

牡丹文化节
40届
LUOYAN GPEO CULTUREFESTIV

DHBEATY DFLUAND
中国传统器物博览会
2021.8.1sun－9.1tue
景德镇陶瓷博物馆
JINGDEZHEN CERAMIC MUSEUM

图6-31

图6-31 字群层级编排的8组案例。通过改变字体大小、颜色、前后位置等来区分信息的主次、强弱层级，引导视觉流程。这种有意识的层级编排，可以提升版面设计感，有效改善内容编排上的混乱性及视觉阅读上的平淡感。（自编图例）

6.4　文字的符号化设计

文字作为一种视觉符号，在平面设计中的运用非常广泛，尤其是近年来随着中国传统文化的复兴，对汉字符号的重塑再设计，再次引起学术界和设计界对传统符号讨论与探索的兴趣。汉字既有文字的语义，又有图像符号的美，如黑体坚实大方，小篆笔画圆润流畅、富有装饰的美，宋体优雅、富有笔画粗细的弹性，这些字体的性格都将演化成画面风格的特征。文字的符号化设计，既活跃了画面，又增加了画面的设计感。

（1）文字的符号化设计可以增强版式的形式美。文字图形化的设计手法，是一种重要且常用的字体设计表现手法。图形作为一种独特的视觉语言，不仅能够简单直观地传达信息，还有装饰与美化的作用。

（2）文字设计可以突出版面主题信息。文字本身的意象也可以运用图形加以表现，用简洁、直观的图形传达文字更深层的思想内涵。

（3）文字符号化成为设计趋势。利用中文字体、书法或象形文字作为设计元素符号进行设计，是近年来国潮文化复兴在平面设计领域的一大趋势。

图6-33

图6-34

图6-32

图6-32 日本书籍《字体怡人》封面设计。封面文字字体呈现图形符号化，极简洁，是高桥善丸字体设计的一大特色，展示了东方文字设计的魅力。（设计：高桥善丸）

图6-33、图6-34 知美学堂系列海报。两图为同系列海报，提取主题信息词，将篆体字放大并进行变形设计，左边紧密的字群编排与强劲的篆体字形成鲜明对比，篆体字之间穿插人物图像起到活跃画面的作用，同时文图构成整体。海报信息层次丰富，层级为五个以上。

图6-35

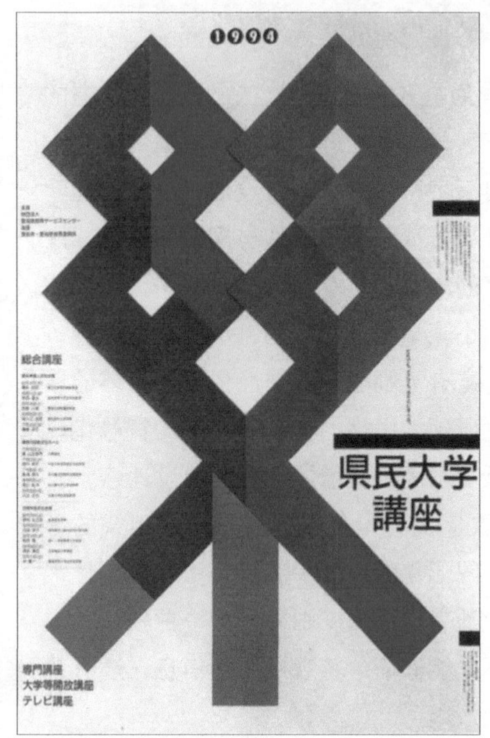

图6-36

图6-35、图6-36 日本白木彰设计的学术讲座海报。以主题字为创意元素进行设计，字体符号强劲的张力风格体现出设计师独特的个性与东方文字的豪放之美。海报信息层次丰富，对比强烈，具有强烈冲击力、传达力。（设计：白木彰）

图6-37 时尚杂志页面设计。英文字体的图形化设计增添了服饰的时尚感、节奏感，使画面跳跃起来。(设计：Miklós Kiss）

图6-37

6.5　文字的图形创意

文字的图形创意是指将文字按设计师的创意构想排列成一个有趣味的图形形象，如动物、植物、具象或抽象的图形形象，或成为插图的一部分，使图文相互融合，相互补充说明，产生共形的设计作品。文字的图形创意借助图形的编排形式来表达主题思想，因此版面风格生动有趣、简洁整体，是形式与内容最好的体现。文字的创意编排需要花费一定的时间，才能达到风趣的效果。但并非每件设计作品都适合图形编排，必须依主题的内容和形式来定。

图6-38 学生习作。文字编排与图形结合产生的共生图形，体现编排创意的价值。（设计：四川美术学院孔毅，1998年）

图6-39、图6-40 《中兴百货广告作品全集1988—1999》中的系列广告。用文字构成的线条生动地编排出“鸡”的形态，富有创意性。

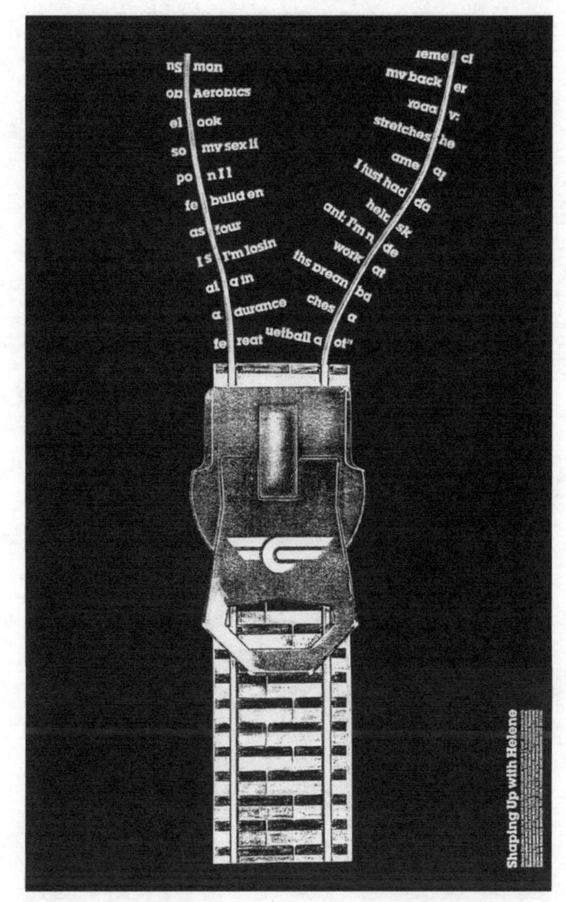

图6-38

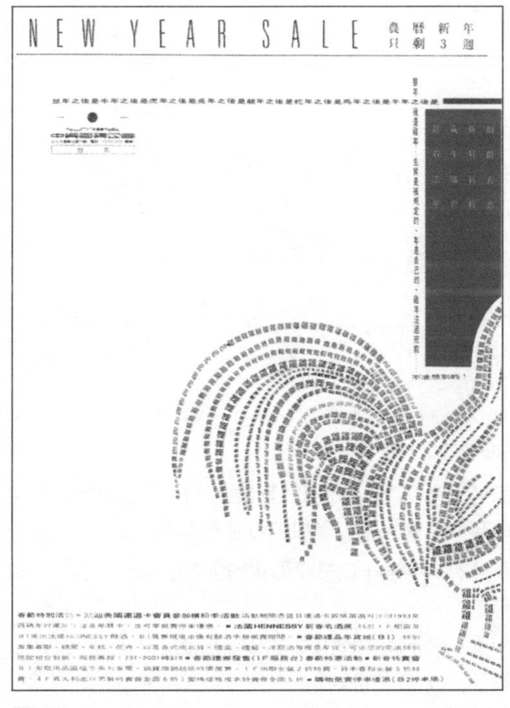

图6-39

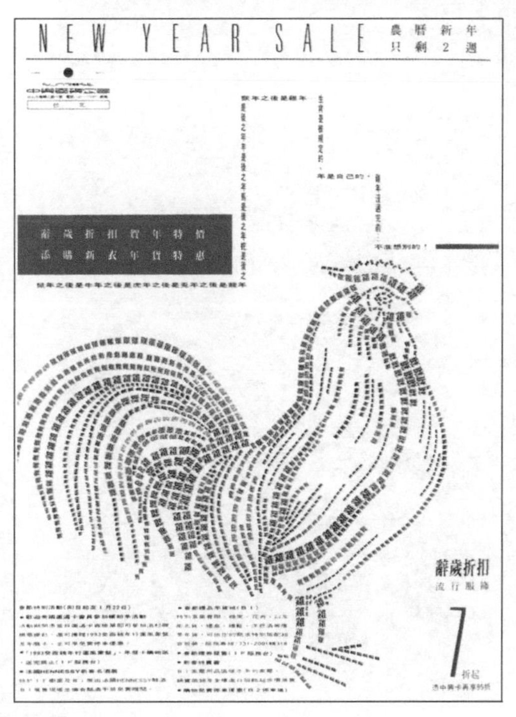

图6-40

图6-41

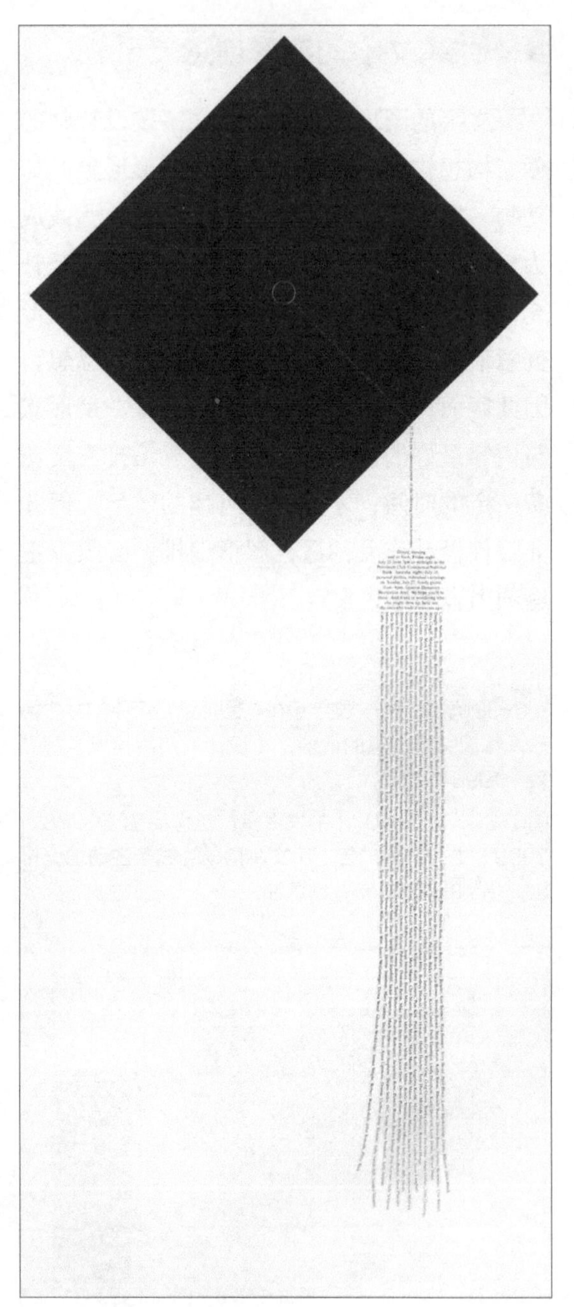

图6-43

图6-42

图6-41 WWF(世界自然基金会）的公益海报。将文字编排成动物头像，直观生动地表达环保主题。

图6-42 文字编排成书籍形状的创意版式。（设计：韩湛宁）

图6-43 学士帽帽穗由文字排列而成，实现创意表达。（设计：D. C. Stipp）

6.6　文字的互动性

文字的互动性一般是指文字围绕图形编排设计所产生的动感，图文在组织结构中产生的和谐性，版面的趣味性、情感性。文字绕图形编排的位置，多为图形传达的要点、视点，因此图文互动的位置往往也是版面中最精彩的视觉中心，并引导视点。互动的文字虽然少或小，但能使版面立刻鲜活起来，版面不会僵化，而是有情感互动并能与读者对话的。

文字互动性和生动化的编排首先是设计师与心灵的互动，其次是设计师与主题内容的互动，最后是设计师与版面情感交流的互动，这样才能达到设计师与设计作品的互动。

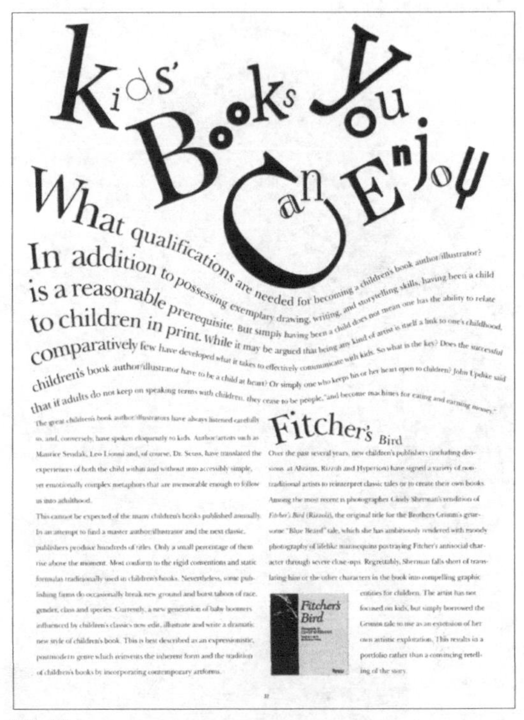

Kids' Books You Can Enjoy

What qualifications are needed for becoming a children's book author/illustrator? In addition to possessing exemplary drawing, writing, and storytelling skills, having been a child is a reasonable prerequisite. But simply having been a child does not mean one has the ability to relate to children in print. While it may be argued that being any kind of artist is itself a link to one's childhood, comparatively few have developed what it takes to effectively communicate with kids. So what is the key? Does the successful children's book author/illustrator have to be a child at heart? Or simply one who keeps his or her heart open to children? John Updike said that if adults do not keep on speaking terms with children, they cease to be people, "and become machines for eating and earning money."

The great children's book author/illustrators have always listened carefully to, and, conversely, have spoken eloquently to kids. Author/artists such as Maurice Sendak, Leo Lionni and, of course, Dr. Seuss, have translated the experiences of both the child within and without into accessibly simple, yet emotionally complex metaphors that are memorable enough to follow us into adulthood.

This cannot be expected of the many children's books published annually. In an attempt to find a master author/illustrator and the next classic, publishers produce hundreds of titles. Only a small percentage of them rise above the moment. Most conform to the rigid conventions and static formulas traditionally used in children's books. Nevertheless, some publishing firms do occasionally break new ground and burst taboos of race, gender, class and species. Currently, a new generation of baby boomers influenced by children's classics now edit, illustrate and write a dramatic new style of children's book. This is best described as an expressionistic, postmodern genre which reinvents the inherent form and the tradition of children's books by incorporating contemporary artforms.

Fitcher's Bird

Over the past several years, new children's publishers (including divisions at Abrams, Rizzoli and Hyperion) have signed a variety of non-traditional artists to reinterpret classic tales or to create their own books. Among the most recent is photographer Cindy Sherman's rendition of *Fitcher's Bird* (Rizzoli), the original title for the Brothers Grimm's gruesome "Blue Beard" tale, which she has ambitiously rendered with moody photography of lifelike mannequins portraying Fitcher's antisocial character through severe close-ups. Regrettably, Sherman falls short of translating him or the other characters in the book into compelling graphic entities for children. The artist has not focused on kids, but simply borrowed the Grimm tale to use as an extension of her own artistic exploration. This results in a portfolio rather than a convincing retelling of the story.

图6-44

图6-44 一个活泼可爱的版式。“要成为一个受儿童喜爱的儿童读物编辑，首先要把自己当成一个孩子。”版式契合儿童天真烂漫的性格，编排得活泼有趣，灵动的字体与律动的字行使版面产生节奏与韵律。（设计：John Klotnia，Ivette Monters De Oca）

图6-45 学生习作。文字的设计与“象鼻”的图像呈互动编排。1998年，学生设计时没有使用计算机，细小的英文是通过复印再剪好粘贴而成的，象鼻上生动的文字是手写完成的。（设计：四川美术学院邱东，1998年）

图6-45

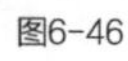

图6-46

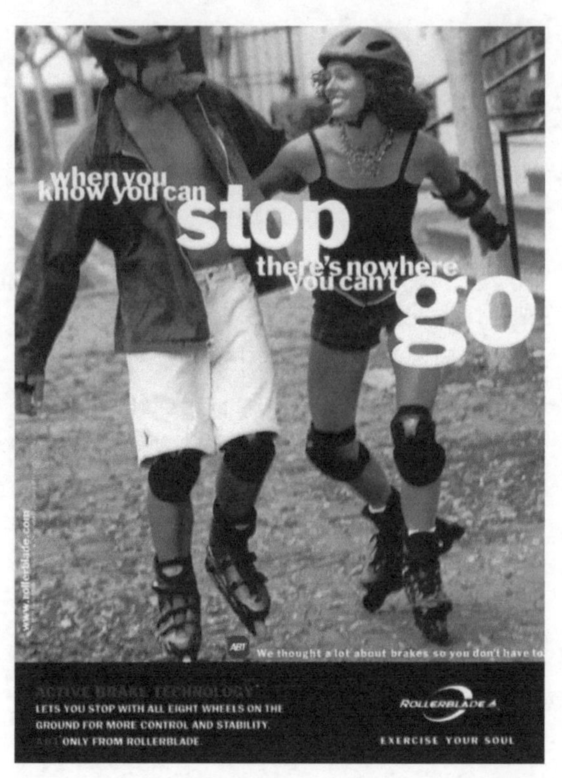

图6-47

图6-48

图6-46 *Communication Arts* 第35期内页。红色文字随着人物轮廓编排，更显生动。

图6-47 运动中的人物与标题产生互动。文字的设计紧扣主题，并产生强烈的动感和跳跃感，成为版面中最活跃的焦点。（设计：Mike Salisbury Communication）

图6-48 Guimaraes Jazz Festival海报。弯曲流动的文字形成乐器琴弦，与人物之间产生互动带来强烈的律动感，大小不一的字符同时增强版面活力。

6.7　文字的跳跃率

在信息时代，人们的生活节奏加快，人们不再有足够的时间来慢慢阅读，只有那些跳跃率高的标题信息才更容易吸引读者的阅读兴趣。因此，编排时要加大和强化重要信息与标题文字的跳跃率。文字的跳跃率越高，版面的生动性越高，读者的阅读兴趣就越高；相反，文字的跳跃率越低，版面越缺乏生气，读者的阅读兴趣越低。

提升版面文字跳跃率的作用如下。

（1）放大标题增强信息的传达力。

（2）放大文字提高读者阅读兴趣。

（3）放大文字增强传达力与沟通。

（4）放大文字增强编排的艺术性。

（5）文字的跳跃率增强版面活力。

图6-49

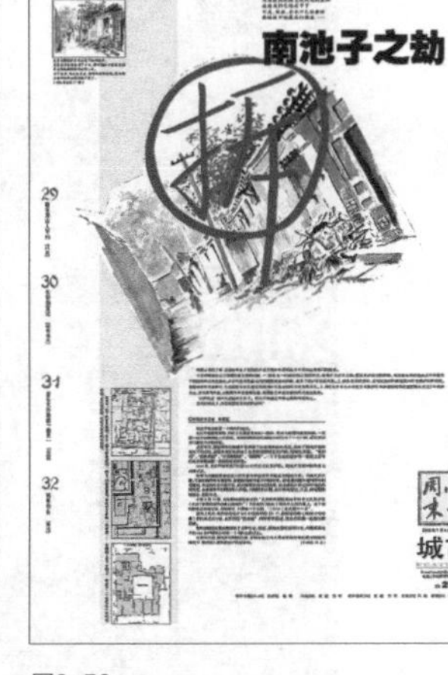

图6-50

图6-49、图6-50　图6-49为原图；图6-50为改进图。平日里大街小巷常见的“拆”字，字号过小传达力弱；改进后，强调“拆”字，增强了信息的传达力。（设计：周一萍）

图6-51、图6-52　图6-52为原图。图6-51为改进图。标题字号增大并倾斜，增强了主题的生动性。（自编图例）

图6-51

图6-52

图6-53

图6-54

图6-53、图6-54《青年视觉》杂志内页设计。两个页面的设计风格一致。设计突破了传统严谨的文字编排习惯，大胆尝试文字设计的互动表述，图静文动，给人叙事的代入感，让人将目光聚焦在字里行间，倾听文字的述说。（摄影：叶锦添，美术总监：许波）

图6-55 主题“消去”。经计算两字约占版面67%，以高版面率霸气地占据的视觉焦点，令人印象深刻。强大的字体与版面两侧的小字形成鲜明对比。在强对比作用下会使心理的量超越物理的量，所以“消去”二字给人感觉到膨胀达80%的版面率。（设计：Pa- i- ka平面设计工作室）

图6-55

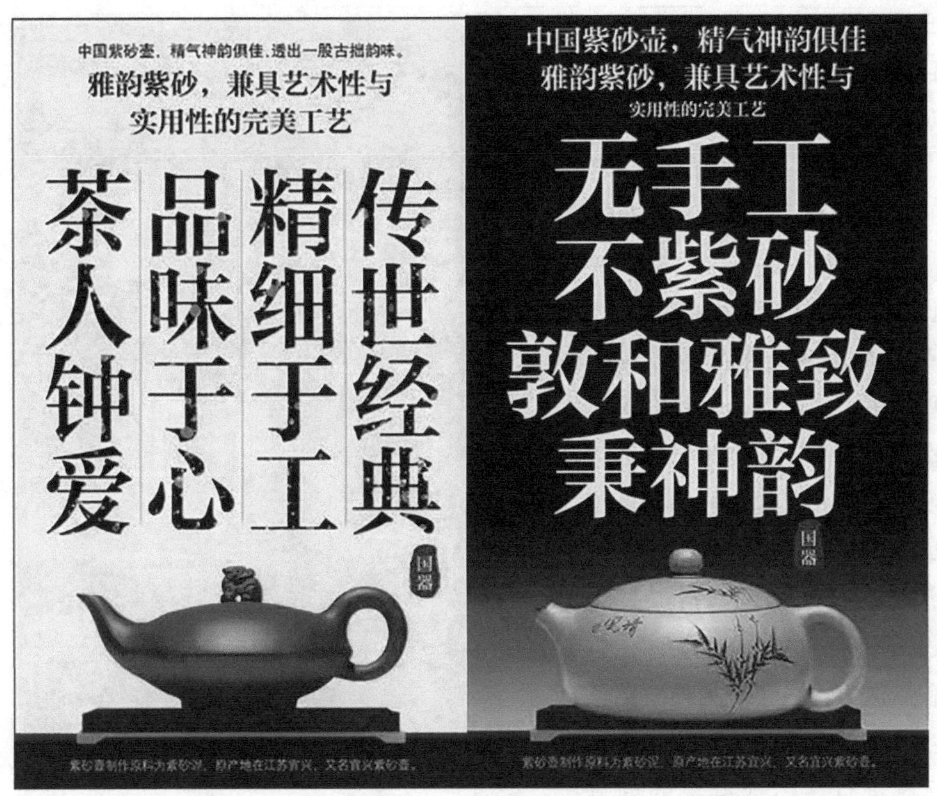

图6-56　　图6-57

图6-58

图6-57、图6-58 两张皆为高版面率海报，放大的文字增强了海报的广告诉求，极具视觉张力和传达力。（设计：万兆臻）

图6-58 粗黑标题字成为版面的焦点，几何鸟的图形与标题契合成整体的编排更强化标题的趣味性。（设计：Jonas Hasselmann）

标题是版面最重要的信息，为使标题在版面中达到更悦目的效果，可以放大标题字、加粗字体笔画或对标题进行创意编排。前两种是较简单的方式，而第三种，无论是文字的结构变化还是字体的组合设计，都能使版面即刻鲜活起来。

学生在设计中常出现的问题如下。

无论怎样强调标题跳跃率的重要性，学生都对此重视程度不高，或者认为标题设计太难，致使设计作品效果重点不突出、平淡无活力、阅读兴趣度低。因此，提高标题跳跃率能增强版面活跃度、传达力，增进阅读兴趣。

提高标题跳跃率的具体方法包括：

（1）放大标题字或加粗标题字体，强化标题的注意力和传达力；在注意力稀缺的信息时代这种方法格外有效；

（2）将标题进行字体或群组的创意设计，增强标题活跃度与联想力；

（3）将标题错落有致地进行组合编排，强化整体信息，增加文字信息的层级，让标题更吸引眼球；

（4）标题四周留足空间，以空间烘托标题信息。

图6-59

图6-59 umisky宣传册。标题字群错落有致编排，产生了4个层次的大小变化，字群在空间的衬托下显得更突出和生动。

图6-60 “BLAOK”标题图形化设计。英文字体的图形化设计带来时尚感，将其放大约占版面二分之一的空间极具视觉张力，使画面跳跃起来。（设计：Fabien Baron）

图6-60

6.8　文字设计的高版面率

纯文字的高版面率风格是目前版式设计的一大新趋势，高版面率一般是指文字占版面达80%以上。这种版式风格常以100%的满版文字、信息多、张力强、层次对比强、构成自由为特点。中国传统文字的编排风格一般严谨有序，文字层次对比弱，缺少活力。而高版面率文字编排的方法，首先，通过放大字体来增强信息层次，使主题信息充满版面，形成强弱、动静的绝对对比；其次，利用主题字的空间来编辑次要信息，使文字层级丰富，编排紧凑，虚实有致，版面产生极强的视觉冲击力。这种强对比是对传统稳健风格的碰撞，目前，高版面率的设计风格流行于设计界的学术海报，商业运用则较少。

图6-62

图6-61　“海鳗荘奇谈”主题放大充满版面，圆润的字体风格与计算机字体形成对比与调和，打破严肃版面的布局，版面富有生动性。（设计：水户部功）

图6-62　2019海峡两岸(昆山)汉字文化海报设计邀请展海报。“昆山”两字在版面中顶天立地，利用“昆山”错位的空间编辑次要信息，横竖混序的编排既有文字间的大小对比，又有不同的阅读顺序，版面虽满却不失活泼。

图6-63　2012年东京艺术博览会海报。采用对角线构图的满版设计。文字大小编排、横竖编排的强对比使主题清晰。

图6-61

图6-63

6.9 文字的动态化

随着互联网信息技术的革新，传统平面设计与三维设计之间的壁垒逐渐消融，二维与三维正相互融合借鉴。设计师可以借助全新的传播媒介创造出独特多变的动态设计，文字编排也在此基础上拥有了更多表达的可能，通过渐变、位移、重构等多种变化形式，在数字平面内实现了延伸扩展。文字编排在动态版面中具有以下特点。

（1）主题鲜明。以文为主的版面中，主题文字采用变形、变色、运动等动画以示强调，让受众在最短时间内捕捉并消化主要信息。

（2）信息量少。动态文字在固定时段内循环，受众在文字流动的状态下难以读取完整信息，故动态文字在版面内信息量较少。

（3）层级分明。动态文字虽然灵活有趣，但较静态文字而言也更容易使版面凌乱。编排动态文字时更强调主次信息的层级关系，来引导视觉的动态阅读流程。

图6-64

图6-64 “SUN MON”同一主题信息反复运动加以强调。（设计：Si Tran）

图6-65 广州美术学院的简称是GAFA，以字母GAFA为核心元素并运用三维玻璃质感动态展示，炫酷时尚。（设计：田博）

图6-65

6.10　文字的解构与耗散

文字的解构是指将一个汉字或英文单词解散再自由重构，阅读起来虽不够流畅但轻松生动；而耗散是指编排设计整体风格的耗散性。解构与耗散具有共同的特点，都出自20世纪西方现代主义和后现代主义的观念意识，共同特点为有反传统美学所提倡的逻辑秩序、和谐统一等形式原则，在传统的审美变异基础上，以非理性的审美观念为设计依据，在风格上主张自由个性、无主次、无中心，元素相互叠置、相互矛盾、相互排斥的编排方式。例如，毕加索绘画作品中就常见解构的风格特点。解构与耗散的自由无序与我国传统的严谨逻辑相悖，但社会的发展必然促进各国文化的交流互鉴，1998年一篇名为《文字的耗散性》的文章成为我国文字耗散风格的起点。

图6-66

图6-66 耗散的英文单词自由充满封面，在字体空间编辑小字以形成对比，设计师希望表达一种新颖时尚的设计风格。（设计：Tracey Shiffman）

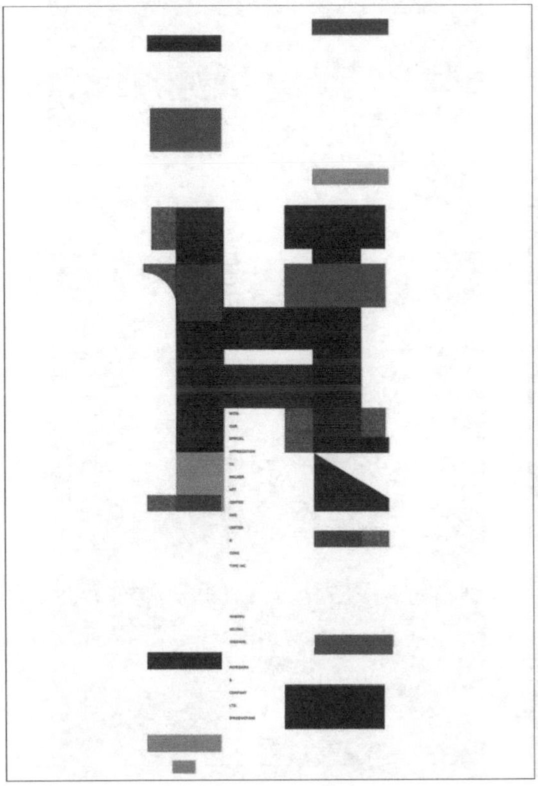

图6-67

图6-67 字体解构，个性化编排几何色块的字体结构。（设计：Matthew Carrter）

图6-68 《混设计》内页。将文字解构的手法多见于西方作品，而将中文字体笔画解构较为少见，其设计比较新颖。（设计：周伟伟）

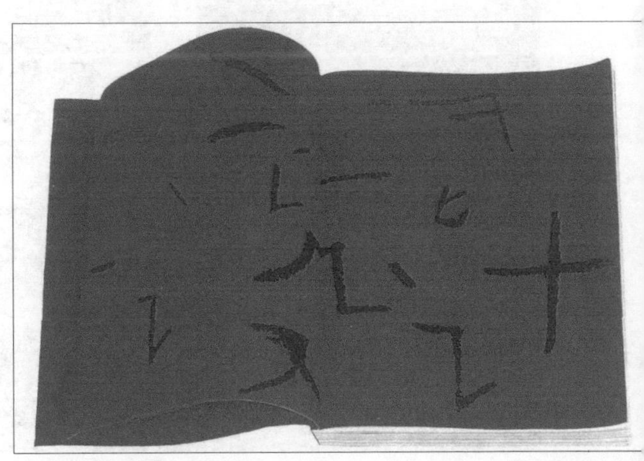

图6-68

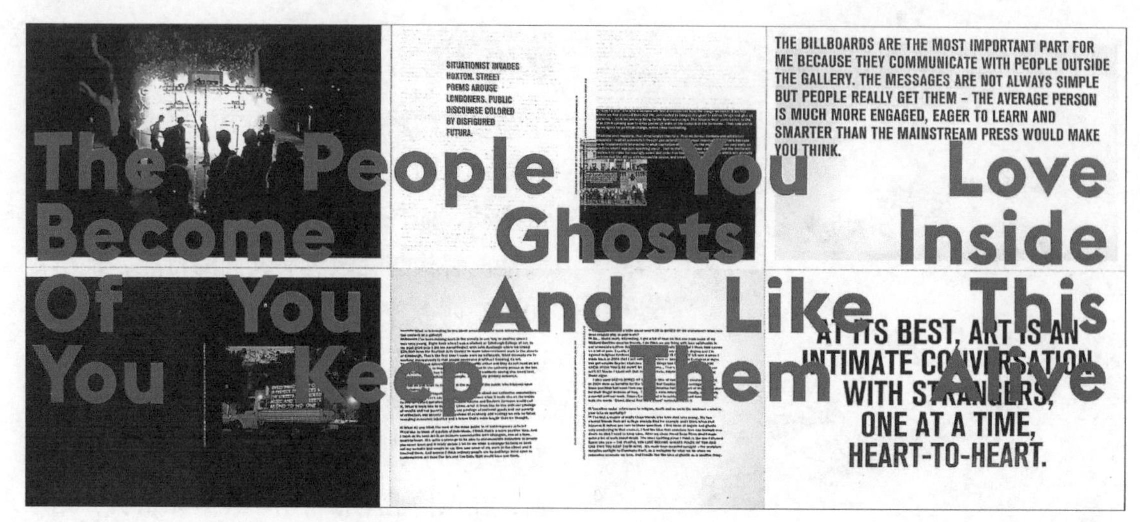

图6-69

图6-69 这是Fire of Each Other(可译为：彼此的火花)宣传册的内页，红色文字分散位于不同页面内，连页才组成完整的句子，这种个性的表达赋予阅读趣味性，同时红色的文字部分与底部图文形成空间上的层级关系，强化整体层次感。(设计：Januar Rianto）

图6-70 粗宋字体笔画解构再横纵垂直排列，耗散的状态又透出宋体的庄重感。（设计：田中一光）

图6-71 澳大利亚布莱克梅奇饭店组织的“星期六狂欢节”招贴。版面以文字为诉求，大小标题、内文随意结合并进行空间多向化编排。文字用松散的流程引导视觉秩序。（设计：Andrew Horner）

图6-70

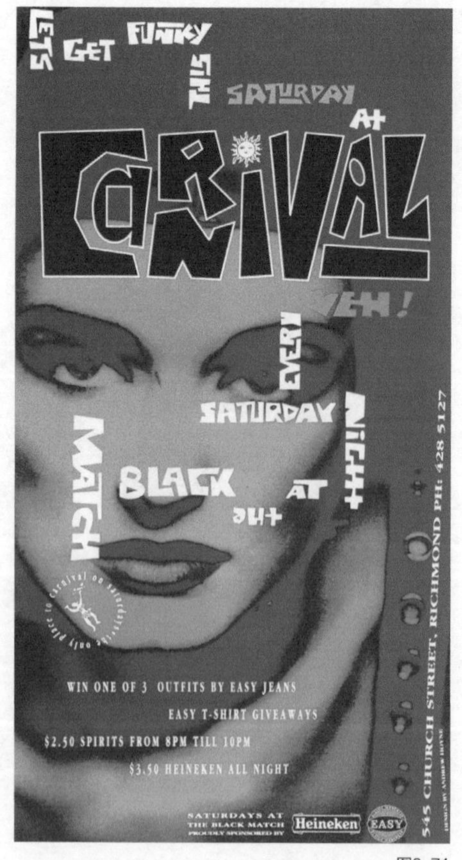

图6-71

6.11 文字的混序编排

“序”指顺序、秩序，“混序”指不同秩序的混合。在版面中两种以上不同方向的文字编排为“混序”。传统文字的编排习惯为竖向或横向的文字编排，具有非常明确的秩序，横竖交错的编排会让人视觉不习惯；而混序编排力图打破传统单纯的秩序，营造一种复杂多变的、矛盾的视觉编排形式。混合编排追求一种复合的组织形式，是今天传统文化复兴下在国内掀起的一种新设计动向和创意表达手段。

混序编排的主要类型如下。

（1）空间编排混序。文字或字群呈现多种不同方向（横向、竖向、角度倾斜）的编排，版面呈现复杂混合的秩序，使导读减慢、阅读困难但兴趣增加。（见右下图例1）

（2）标题错位编排。将标题错位编排或放大强调其中的文字，刻意留出字距空间插入英文或其他文字，构成主次分明的整体。目的是打破单调的编排形式寻求标题的生动化，多用于版面标题编排。（见右下图例2）

（3）文字错位。可以将字体进行切割并移位重组或倾斜，让读者产生视觉错位的体验，常用于表达个性和时尚的版面。（见右下图例3）

（4）平行错落律动。文字或字群按一定距离平行排列，两端无需对齐，视觉上呈现跳动之感，带来起伏、轻松的阅读形式。（见右下图例4）

图6-72

图6-72 横滨美术馆展览海报。采用文字环绕式的编排方法，让所有文字围绕一幅图进行布局，让观者跟随文字一周来完成阅读。文字环绕版面的编排也是极具代表性的混序编排。

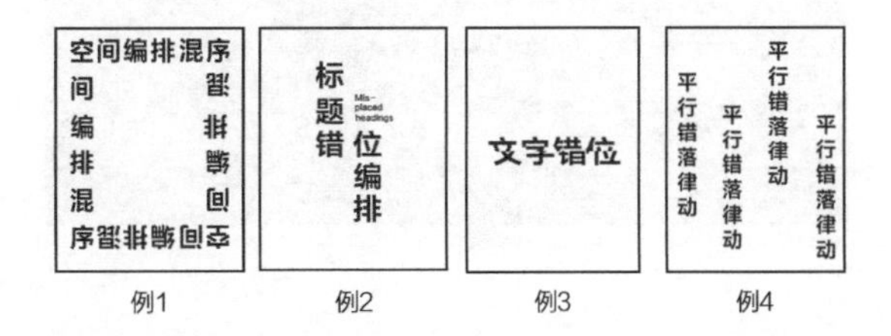

图6-73 MoreBounce更弹派对18期海报。“更弹十八发财派对”文字在版面内呈对角编排，曲线流程打破常规直线阅读，与耗散的米黄色文字搭配更显灵活。

图6-74 “书·筑” 展览海报。字群对齐版面三边编排，呈“自上而下、自右向左、自右向左”的阅读流程。文字编排富有层级变化，较之常见的四周环绕更具有变化与层次感，属于少见的混序编排方式，可见设计师的巧思。

图6-75 “知美学堂”学术系列海报之一。首先，海报主信息采用由右至左、由上至下的传统编排导读顺序，其次，编排不同字号的次要信息，编排导读横竖混置，传达清晰，层级丰富，动静对比和谐。编排引导新的阅读流程，多种字体与字号的运用增强版面活力。（设计：韩湛宁，中国版协装帧艺术工作委员会常委，亚洲铜设计顾问公司创始人）

图6-73

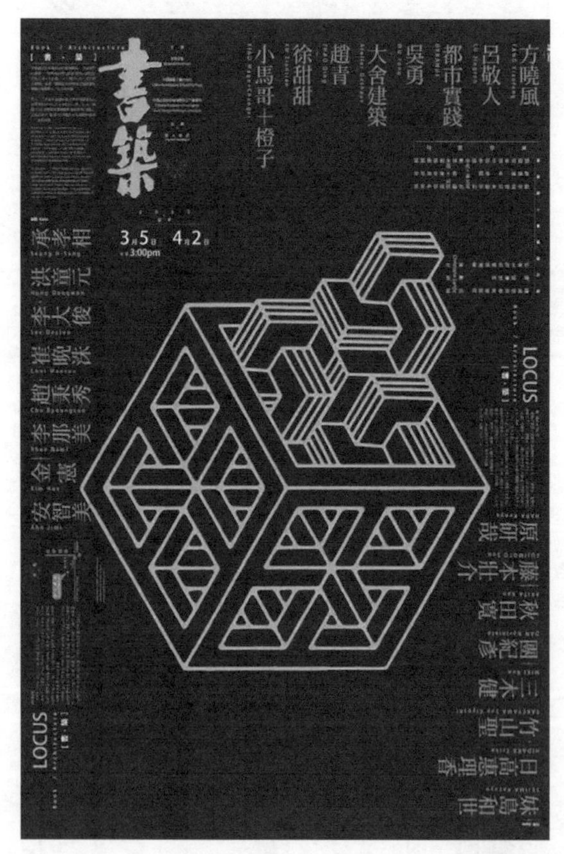

图6-74

图6-75

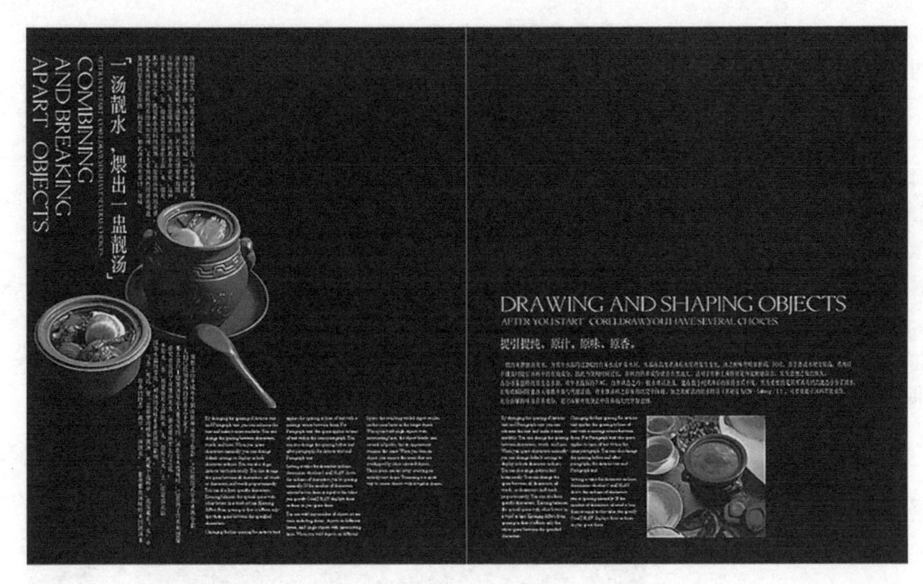

图6-76

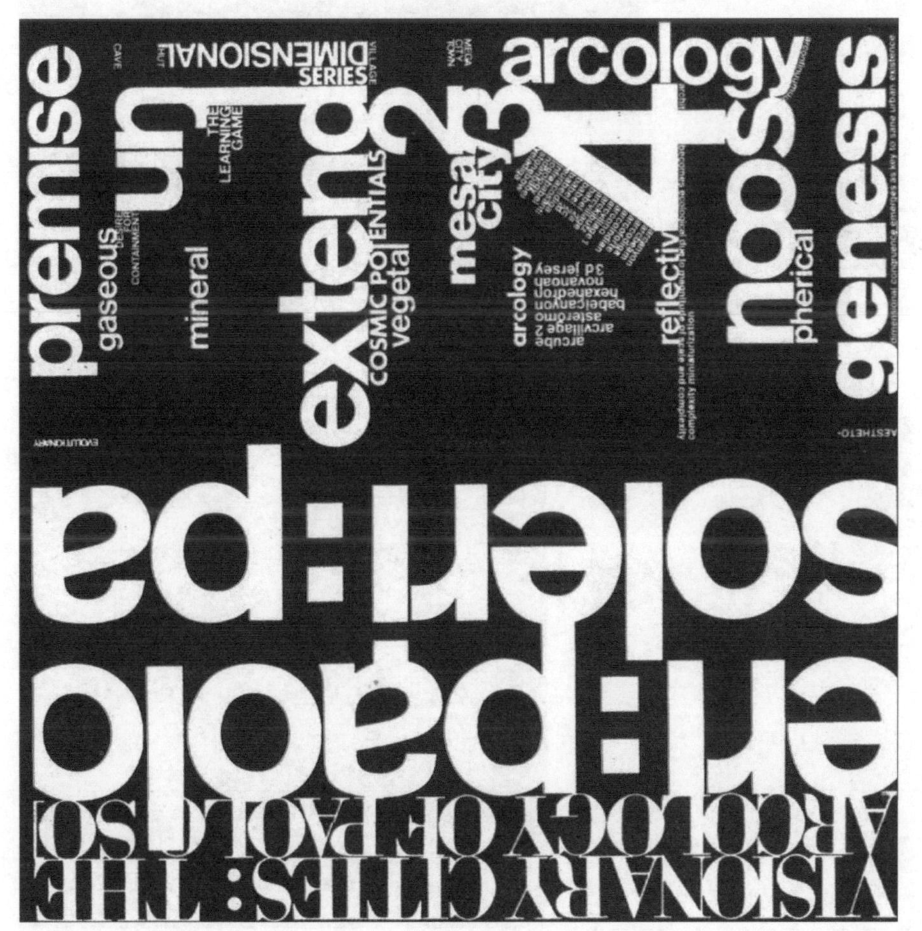

图6-77

图6-76 传统有“既白当黑，既黑当白”的说法，黑即为空。文字信息以不同方向编排，产生不同的阅读顺序。（图片来源：叶信设计门户）

图6-77 《梦幻城市：鲍洛·索雷里的生态建筑》书籍内页。版面中上半部分的文字灵活松动，错落有致；下半部分的文字稳重紧密排布，对比中产生变化。

图6-78 英文字母手提袋包装。低饱和度的彩色英文字母自由编排，富有装饰性。（设计：Dalton,GA）

图6-79 “山川上的中国”系列中国文学讲座第三季海报。版面中各组文字有序的横、竖散构，营造出云山诗意的境界。文字的混序编排隐含网格秩序美，是当下表达东方主题文化与西方网格设计的融合。

图6-80 艺文荟澳：澳门国际艺术双年展2021海报。直线与曲线结合的文字编排路径，打破横平竖直的传统编排方式，为版面注入活力，更显灵动。

图6-78

图6-79

图6-80

图6-81

图6-81 Nike广告。字体结构错位带来活力与时尚感。

图6-82 以标题“学习”为基础，围绕“学习”进行横排、竖排错落有致的创意编排。（自编图例）

图6-83 《图解字型思考》书籍封面。以“type”为轴线，文字围绕标题四周混序排列设计。

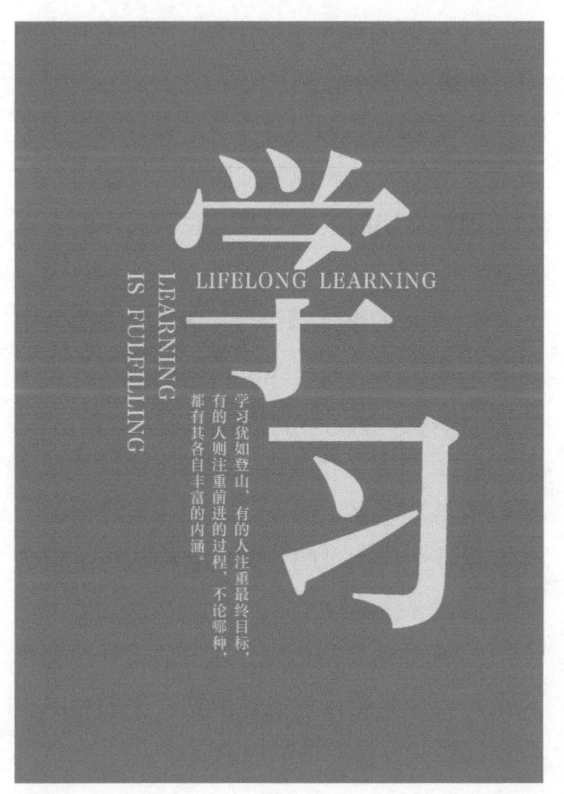

图6-82

图6-83

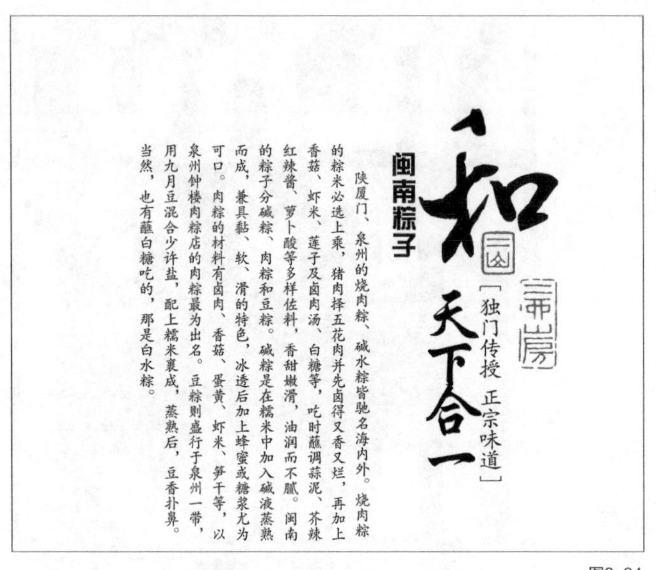

图6-84

图6-84 标题“和天下合一”利用错位补空的方式，在空间中编排小字与红色印章，富有层次变化。（设计：朱尹兴）

教学目标与要求

文字的编排设计在版面中占据非常重要的位置，本章归纳了文字的编排设计方法，包括文字编排的基本形式、引文的强调、文字整体编排与层级、文字的符号化设计、文字的图形创意、文字的互动性、文字的跳跃率、文字设计的高版面率、文字的动态化、文字的解构与耗散、文字的混序编排，让学生了解文字编排设计的知识要点、思维方法和技巧，对提高学生文字编排设计的能力、提升平面设计的整体水平起着重要的作用。

教学过程中应掌握的重点

1. 强化标题的跳跃率，让版面活起来。设计中注重放大标题字增强传播力，设计的互动性和情感表述能增进作品与读者的情感沟通，增强阅读性。

2. 强化文字的整体编排与层次设计，根据文字内容的重要程度来强调或减弱文字信息的传达，加强文字之间的强弱对比，让文字更生动，更有利于传达。

3. 注意观察视觉设计的前沿动态，关注设计的新观念和设计方法，包括混序的空间编排（如颠倒秩序、文字错位编排、渐变编排及空间的流动）等手法。

思考题

1. 标题的跳跃率是什么？跳跃率对平面设计的影响是什么？

2. 在现代版面设计中，“设计感”常体现在文字的设计表现和文版的编排能力，你如何理解文字的表现力及其在版面中的视觉层次？

3. 文字的整体编排与层级关系在版面中发挥什么作用？它与文字的耗散表现为完全不同的风格，你如何理解？

4. 受西方文化冲击，我国平面设计在文字解构与文字互动的设计表现在何时兴起？你在设计中应用过吗？文字解构与传统审美观念上有哪些差异？

5. 你如何看待后现代主义的设计观念和风格对当今我国传统设计风格产生的影响？表现在哪些方面？请举例说明。

7

第 7 章

图版的编排构成

图版的编排设计在版面中占据非常重要的位置，由于图版的编排变化非常多样，因此学生难以把握。本章归纳了5种图版的编排设计方法，让学生了解和拓宽平面设计的思维，并掌握这些图版编排的设计思想及方法，提高图版编排设计的能力及艺术审美能力。

→ 角版、挖版、出血版
→ 图版率
→ 图片面积与张力
→ 图版编排的网格运用
→ 延续页面的整体设计

7.1 角版、挖版、出血版

1. 角版

角版也称方形版，即画面被直线方框所约束，是常见且简洁大方的形态。角版版面具有庄重、沉静与良好的品质感。角版图在较正式的文版或宣传页设计中应用较多。角版理性，使版面紧凑。

2. 挖版

挖版图也称退底图，挖版是指将图片中精彩的图像部分按需要抠出来。挖版图自由生动，动态十足，亲切感人，使人印象深刻。挖版图常与文版或角版图组合应用，成为版面中最动感的元素，而文版与角版图相对为静态，动与静丰富了版面的视觉层次和对比关系。挖版图使用的目的是借简洁鲜明的图像来营造版面活跃的气氛。

3. 出血版

出血版是指放大的图片充满并超出版心边框，而又被版心边框所切割，图片有向外扩张感和舒展势。由于图片的放大，其扩张性使读者产生张力或紧迫感，一般有极高的图版率，适合编辑运动类的图片或情感释放的图片，使感染力更强。

4. 角版、挖版、出血版的组合运用

角版沉静，挖版活泼，出血版舒展大气。设计中，这三种方式可独立运用，也可自由组合运用。单一的角板显得安静，单一的挖版显得过于热闹，只有两种或三种方式的组合才会使版面动中有静，呈现理想的效果。

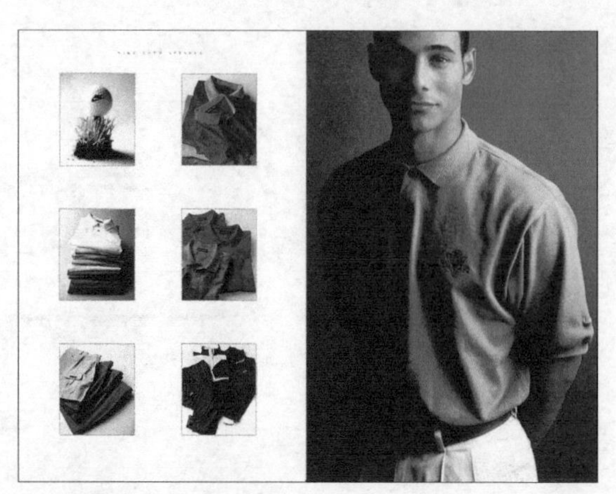

图7-1

图7-2

图7-3

图7-1 以角版、出血版编排的版式。角版产生约束力，出血版产生张力。（设计：Michael Vanderbyl）

图7-2 采用挖版编排的版式。（设计：Ellen Steinberg）

图7-3 挖版图与角版图的组合应用，简洁的挖版图更鲜明地展示物品细节，避免其他元素的干扰。（图片来源：《东方视觉》2003.June，267页，摄影：Philippe Cramer）

图7-4

图7-4 以挖版和角版构成的设计风格。（设计：Sofia Prantera）

图7-5　　图7-6

图7-5、图7-6 两幅图为改进前后的案例。图7-5只采用角版图，版面显得单调。图7-6增加了挖版图，并将人物图片出血，提升了视觉度，人物图片成为版面的视觉焦点，比改前的版面显得生动。（自编图例）

7.2 图版率

目前，人们在信息的阅读上，首先选择醒目、图版率高、感兴趣的信息。因此，在版面编排中掌握图版率的使用方法很重要，它会直接影响版面的视觉效果，影响读者阅读的兴趣。

1．图版率低，降低阅读兴趣

如果版面全是文字，图版率为虚；相反，强烈的图片充满版面，图版率为100%。如果版面无图片或者只有小图片，读者阅读兴趣会降低。如果一本小说无插图，版面则显得沉闷。插图会给人以故事人物的联想，透过插图读者可感知书中情景，这就是插图的魅力。

图7-7

图7-7 《粮山》。米粒放大出血，犹如重重叠叠的山峰，图版率达到100%，意境深远。（设计：邵春松）

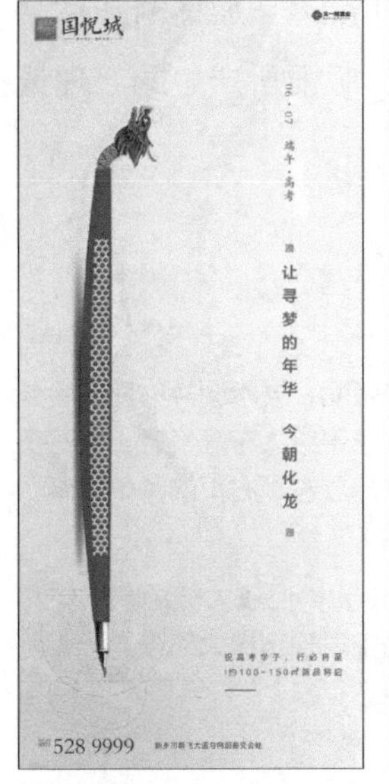

图7-8

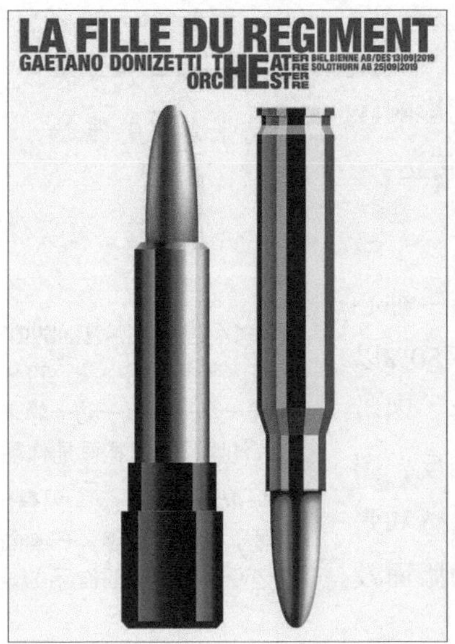

图7-9

图7-10

图7-11

图7-12

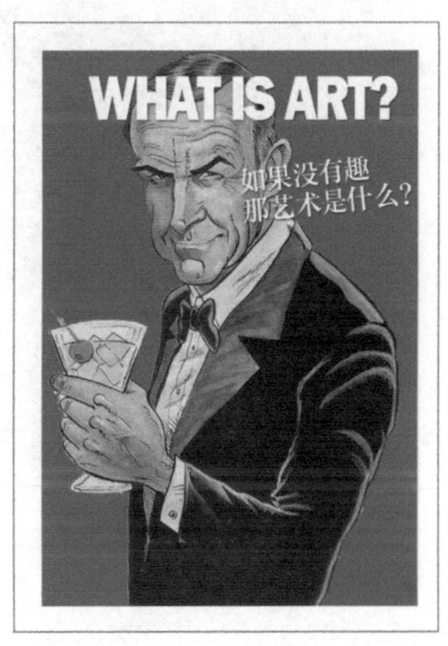

图7-13

2．图版率高，增强阅读活力

当图版率达到60%以上时，读者阅读的兴趣就增强，阅读的速度也会因此加快（图片的传达力比文字快），版面也会更具活力。当图版率达到100%时，版面会产生强烈的视觉度、冲击力和记忆度，此时版面的文字起到画龙点睛的作用。高图版率使版面充满生气，适合商业性读物。可参见第3章版面率部分。

图7-8 又一城置业国悦城海报。图版率低，图形精致、沉静、理性。

图7-9 图版率为60%，读者容易集中焦点。（设计：Atelier Bundi AG，Stephan Bundi）

图7-10 *VOGUE* 杂志封面。高图版率使版面更具活力，读者阅读兴趣大。

图7-11 图版率为0，阅读兴趣降低，版面沉闷。(自编图例)

图7-12 图版率为40%，阅读兴趣提高，版面充满生气。(自编图例)

图7-13 图版率为100%，版面产生强烈的视觉度，引起读者沟通的兴趣。(自编图例)

7.3 图片面积与张力

版面中，图片面积的大小不仅能影响版面的视觉效果，而且直接影响情感的传达。

1. 图片产生量感和张力

版面中图片产生的“量感”是指一种心理的量感。一般当图片放大到图版率50%以上，版面即产生一种饱满的心理量感，图版率越高，所产生的扩张力就越强；相反，图版率低于50%，则难以产生心理的量感和张力。因此，如果想表达强烈冲击力的版面效果，图版率一般要高于60%，如果图片再采用出血的方式来表现，版面所产生的心理量感与张力将更强。

图7-14 左页图片出血冲击版面，展示图片材质的金属质感，右页采用小图，竹林场景给人宁静气息。展开页常以一大一小、一动一静来建立左、右页的整体关系。（陈幼坚设计机构画册作品）

图7-15 虽然图版率只有50%，但放大被切割的“可口可乐”中文标志，在画面中表现出极大的张力。（陈幼坚设计机构画册作品）

图7-14

图7-15

图7-16

图7-17

图7-18

图7-16 佐敦品牌广告。版面人物由左至右放大，版面产生强劲的运动感，辅助的装饰线强化了运动的趋势。

图7-17、图7-18 佐敦品牌广告。左、右页整体编排，虽然图版率只有70%，但因放大出血的图片而产生的张力令人震撼。

图7-19

图7-20

2.小图片精密而沉静

将小图片插入字群中，显得简洁而精致，有点缀和呼应版面的作用，但同时也给人拘谨、静止、趣味弱的感觉。

3.大小图片搭配，增强对比度

如果只有相似的大图片或完全相似的小图片，版面会显得平淡。只有大图片和小图片同时存在，增强对比，版面才有张力与活力。

图7-19 银器画册设计作品。大图片、中图片与小图片的传达力比较。书籍编排中，强化内页图片大小对比的节奏关系可以增加读者阅读的兴趣。（陈幼坚设计机构画册作品）

图7-20 左、右两个图呈现明显的大小对比。大图片有量感，张力大；小图片更显精致。（自编图例）

图7-21

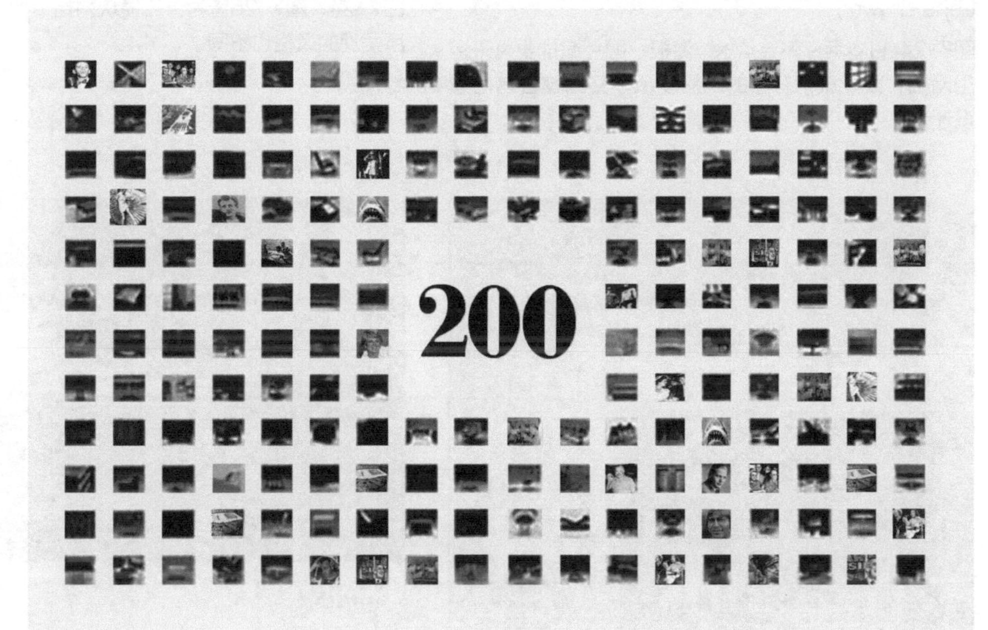

图7-22

图7-21、图7-22 当版面只有一幅或二幅图片时会产生较高张力和强视觉度； 当版面图片数量达50幅以上甚至是角版图时，图片已显得安静而失去张力，还能辨析的是方块图中的图像信息。当图片数量达到200幅以上时，版面所呈现的是严整有序的组织之美，版面理性冷静。（设计：Kristin Konniarek）

图7-23

7.4 图版编排的网格运用

网格是图版编排的基础，它为图片的设计编排提供了一个骨骼框架。

网格可分为单栏网格、多栏网格、模块网格、九宫格、层级网格、复合网格和网格创意设计等。若文多图少，则使用多栏网格；若图多文少或以强调图片为主，则选择模块网格。设计师主要根据设计的内容和策略来酌情选择适合的网格设计。可参见第2章网格设计。

图7-23 左、右页整体设计，左页人物图片放大，与右页图片和文字产生强烈对比关系。（设计：Fiona Lena Brown）

图7-24 日本兵库陶芸美术馆海报。图片编排要善于运用网格，既能获得有序的产品展示，又比较容易把握设计。

图7-25 日本正木美术馆开馆40周年纪念展海报。在网格中插入图片与文字，使版面更清晰、有秩序。图7-24、图7-25皆为十二模块网格，但编排设计不同所呈现的风格也不同。

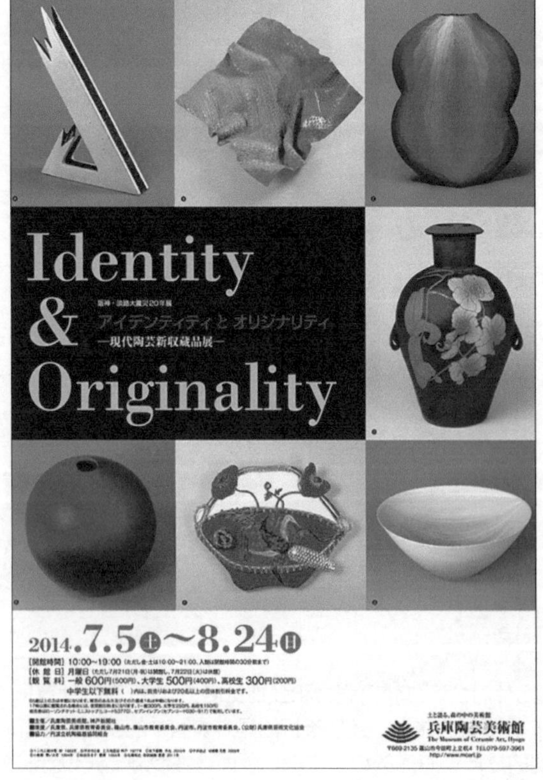

图7-24

图7-25

图7-26

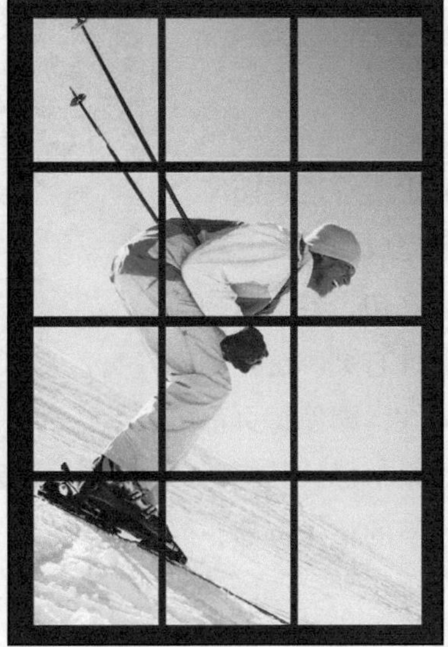

图7-27

图7-28

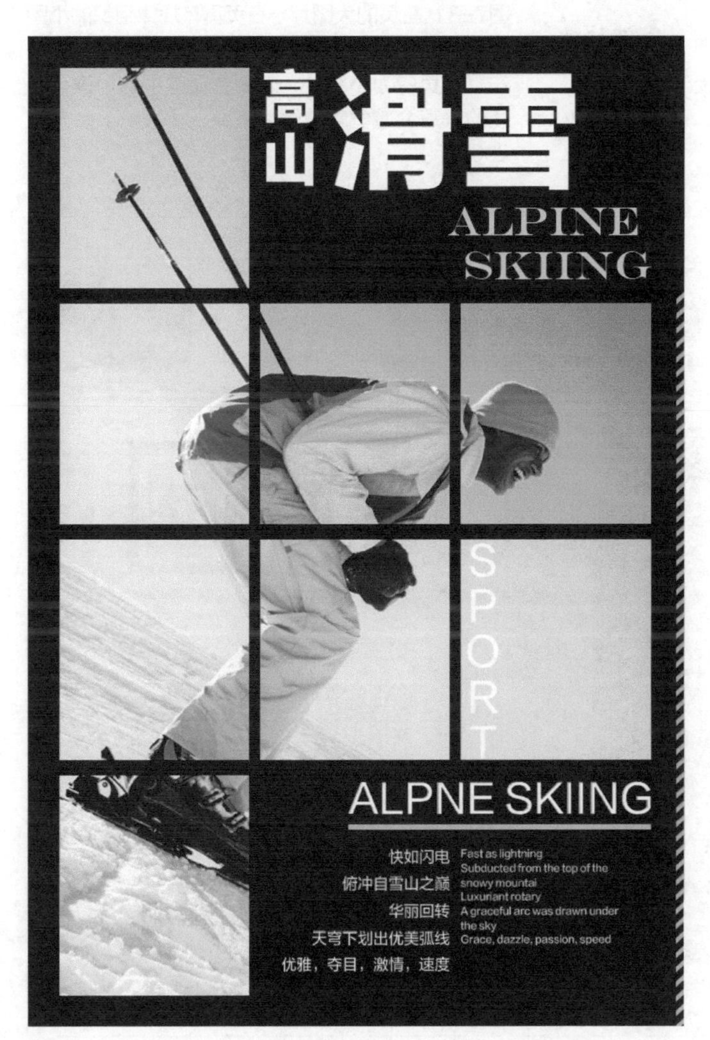

图7-29

图7-26～图7-29 当图片的质量较差时，可选择模块网格的方法进行设计。模块网格可选择十二模块，也可选择九宫格、十六模块、二十模块、三十模块等。以十二模块为例。图7-26为原始滑雪图片；图7-27将图片植入十二模块；图7-28将不重要的部分用色块表达；图7-29搭配相应的文字，划分好层级，对版面边缘进行装饰，丰富细节。（自编图例）

7.5 延续页面的整体设计

1.左、右页的整体设计

设计师常遇到像折页、产品手册等这类图文信息需展开或延续多个页面才能完成的设计，称之为延续页面设计。学生在设计之初，容易只顾及本页的设计，如设计完左页设计右页。这样设计的结果必然会忽视设计的整体性，即使每页都设计得挺好，也很难求得整体效果都好。其实，展开的左、右页是属于同一视线下的整体页面，因此应整体布局。

整体设计建立在形象的对比关系上。

左、右页常为一大一小、一多一少、一动一静、一黑一白、一曲一直、一空一满、局部与整体的对比，在对比中建立和谐的整体关系。

图7-30

图7-30 简洁明快的黑白对比，给人理性的美、简洁的美。（设计：Carmen Dunjko，Jennifer Coghill）

图7-31 左页的大图片与右页具有规律组织的小图片形成对比，达到视觉心理的平衡与和谐。如果左、右页皆为小图片，版面会显得平均，读者阅读的兴趣会减弱。（图片来源：《缤纷》杂志，2002年）

图7-31

图7-32

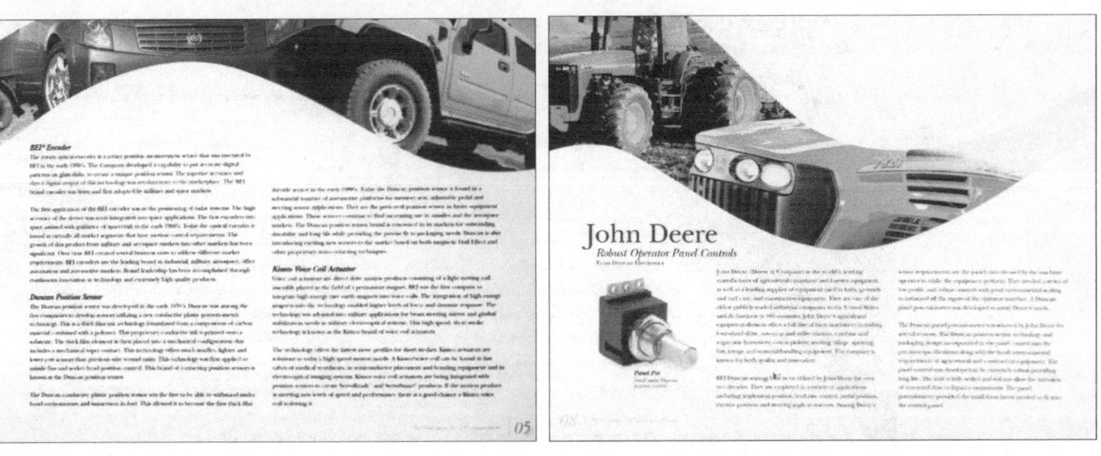

图7-33

图7-34

图7-32 将左、右页通过创意画面连接在一起。（图片来源：Wired Magazine）

图7-33、图7-34 两个页面被波浪形状的图片连接，图片从左页跨到右页，整体设计使页面显得简洁大气。(图片来源：迪尔公司宣传册）

图7-35

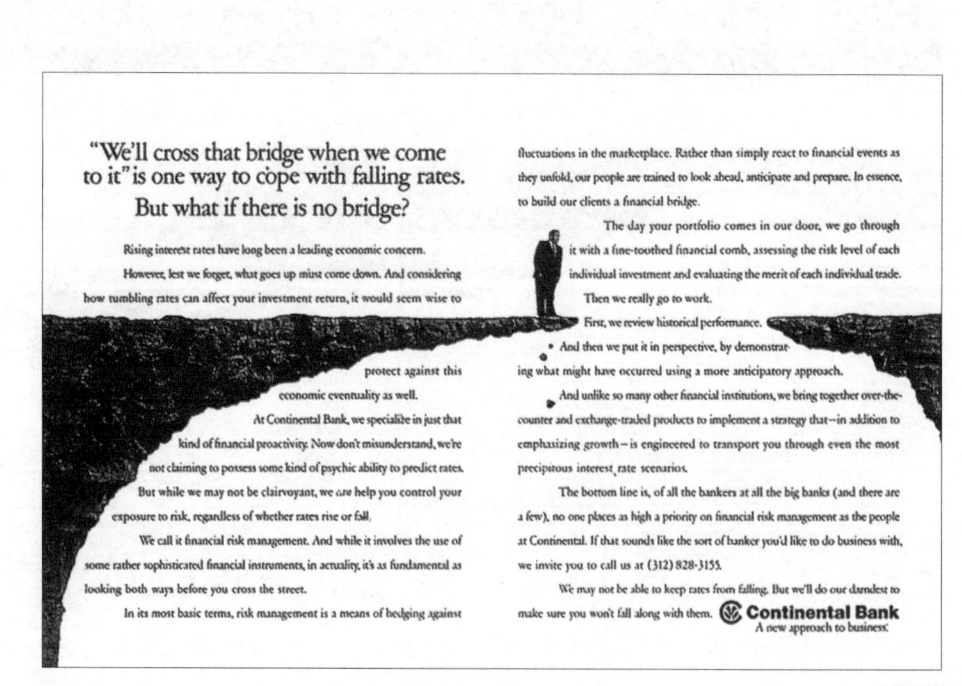

图7-36

图7-35 《青年视觉》内页。左、右页为同一图片，左、右页图片在统一规划下的重复运用，形成高度的整体性，乍看像一大型的建筑群。

图7-36 形断而意不断的图片插入字群中，以启承关系获取版面的统一性。（设计：Lawler Ballard Design Film）

图7-37

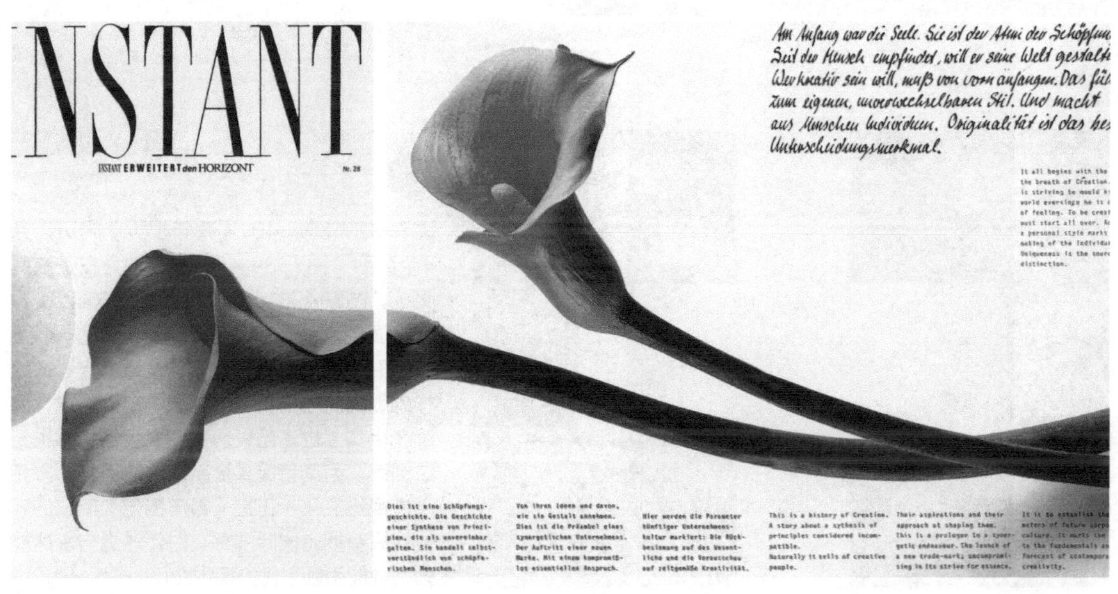

图7-38

图7-37 整本手册将人物图片退底，延续编排成为手册最生动精彩的焦点，手册整体色调为黑、白、红，令版面风格简洁明快、对比强烈。（设计：Brion Furnell）

图7-38 封面和内页。三个页面被两枝花串联起来，有启承和呼应感，画面空间得以延续。（设计：Ute Behrendt）

图7-39

图7-40

图7-39、图7-40 《青年视觉》内页。共4个页面（图7-39、图7-40均为左、右两页），图7-40的十字图形跨页。在延续的4个页面中，采用不同的表现手法表达一个十字图形，是典型的符号概念设计，作者在这样的版式风格中更多的是表达个人诉求，而读者事实上也毫无兴趣去读文版信息，也无法阅读。为读者提供最新前沿的思想动态和潮流视觉文化，正是《青年视觉》期刊的定位，只有拥有国际视野、时代触觉与表达能力，才能引领当代的视觉文化。

2. 手册色调的整体设计

色调对手册或延续页面的整体设计非常重要。每本手册都应有明确的色调，色调取决于设计内容，和谐的色彩令人愉悦，提升页面的品质；相反，若版面色调对比大、不协调，则给人低品质感。建议延续页面的色彩应采用“同类色调”或“近似色调”，当然不排除其他鲜明色彩的应用，适当小面积的搭配能增加版面的活力。

特别强调，色调可直接影响作品的品质，作品品质的优劣与色彩配色的美丽程度有很大的关系。色彩运用过多，色调难以把握，鲜艳而不和谐的色彩会显得品位低。

图7-41 手册采用一组灰蓝色调的近似色彩进行延伸设计，近似色块在每个页面的重复应用，使手册在色彩视觉上达到了高度的统一性。另外，页面简洁的色块分割，版面强、弱、空、满的节奏设计，显示出设计的品质和设计的技巧。（图片来源：《大生意：全球最佳品牌版式设计年鉴》）

图7-41

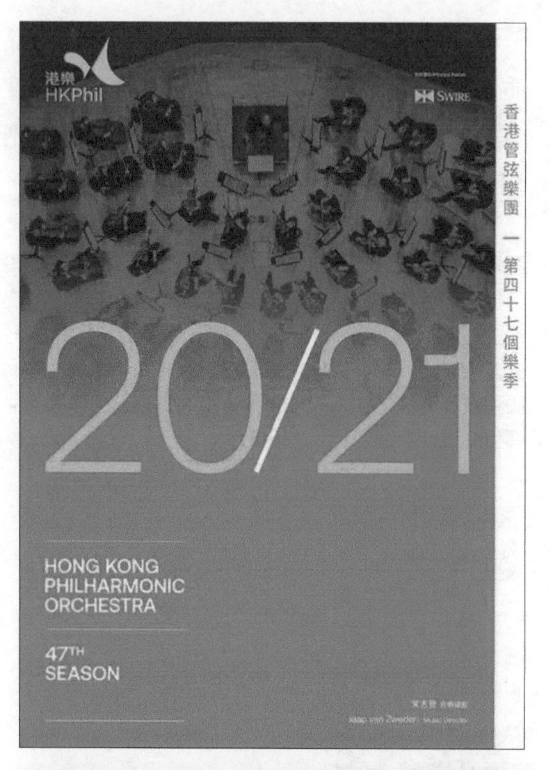

图7-42 《音乐会总览》宣传册。连续页面从色彩和元素上获得统一，内页使用统一的橙色调，目录页上将每位大师的头像设计成圆形，所有圆形规律地排列，将一个圆形放大成为面重复出现。（设计：Milkxhake设计工作室）

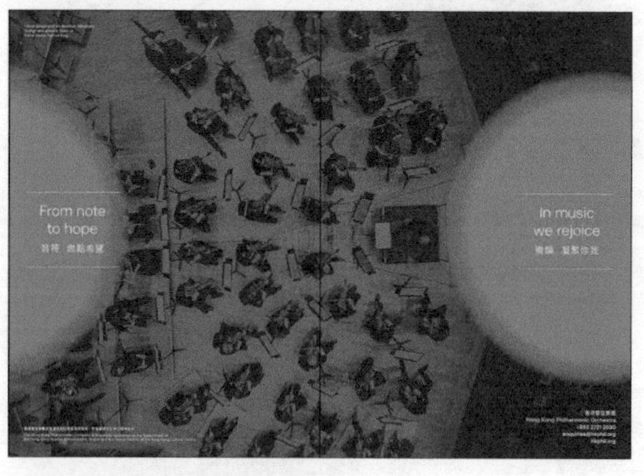

图7-42

图7-43

图7-44

图7-43、图7-44 Ross Dress for Less宣传页。手册每页的丰富内容都统一在同样的色调与分割形体中，整体识别性和系统性强。

教学目标与要求

图版的编排构成在版式设计中是不可缺少的部分。本章强化了图版编排构成的理论认识，包括角版、挖版、出血版、图版率、视觉度、图片面积与张力、延续页面的整体设计。本章强调设计过程的分析与思考，提高学生的自我认知能力。

教学过程中应把握的重点

1. 理解和掌握视觉度的理论和运用方法，了解增强视觉度对版面的作用和意义，掌握增强视觉度的具体方法。

2. 掌握图版率的高低对读者情感和版面张力的影响，以及认知图版率在广告设计中的作用和意义。

3. 把握图版设计的整体性，注重图版节奏与对比的关系。

思考题

1. 什么是版面的视觉度？视觉度的强弱对版面产生什么影响？

2. 在版面运用中，角版图与挖版图的特点各是什么？如何运用才能发挥最佳效果？

3. 如何理解图片在版面中的张力或量感，以及其与冲击力之间的关系？版面中能产生冲击力的图片，一般占据版面面积的比例是多少？

4. 图片面积的大小对版面会产生什么影响？

8

第 8 章

版面色彩设计

版面的色彩设计看似与版式关系不大，但它常常是影响设计作品艺术效果的直接因素。因此，本章主要从5个方面介绍色彩的相关知识和使用方法，即版面中如何加强色彩对比，如何使用近似色达到色彩调和，如何采用单色调设计，如何采用双色调设计，如何整合色彩设计。

- → 色彩对比
- → 色彩调和
- → 单色调设计
- → 双色调设计
- → 整合色彩设计

8.1 色彩对比

色彩对比是设计中常用的手法，能迅速提高版面鲜明度、时尚感，提升版面的活力与传达力，提高读者的阅读兴趣与愉悦度，适用于商业海报、移动广告、宣传折页等设计，能更好地宣传商品并获得良好的视觉传播效果。

色彩对比包括色相对比、补色对比、明度对比、纯度对比、冷暖对比及色彩的面积对比等。

1. 色相对比增强版面鲜活力

色相对比是指对比两种以上色彩的色相。其对比的强弱程度取决色相在色相环上的距离（角度），距离（角度）越小对比越弱，反之则对比越强。色相对比鲜明、强烈、饱满、丰富，容易使人兴奋、激动，造成视觉和精神的疲劳。

2. 补色对比强调重要信息

在色环中，补色的色环间隔（色差值）是180°，补色对比是最强烈的色相对比，给人强烈的刺激和吸引力，如红与绿、黄与紫、蓝与橙等，互补得当使人获得视觉的刺激和心理上的满足，可用来强调重要信息。

3. 明度对比让版面简洁和明快

明度对比，可以是无色相的黑白对比，也可以是添加色块的对比。使用时要注意归纳版面，强调整体的色彩面积的对比关系。

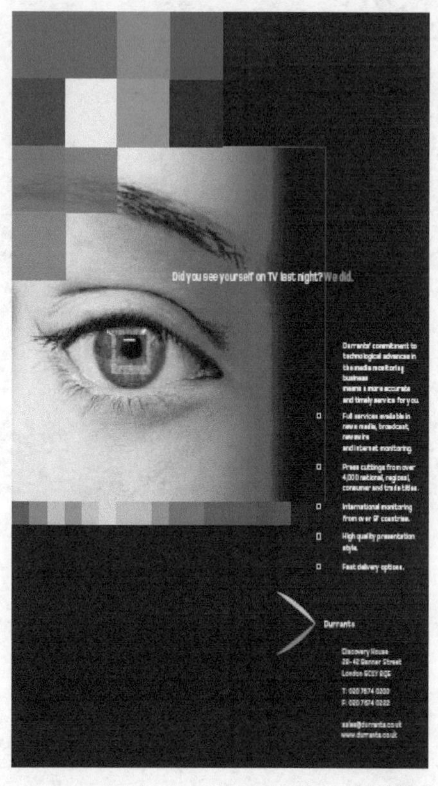

图8-1

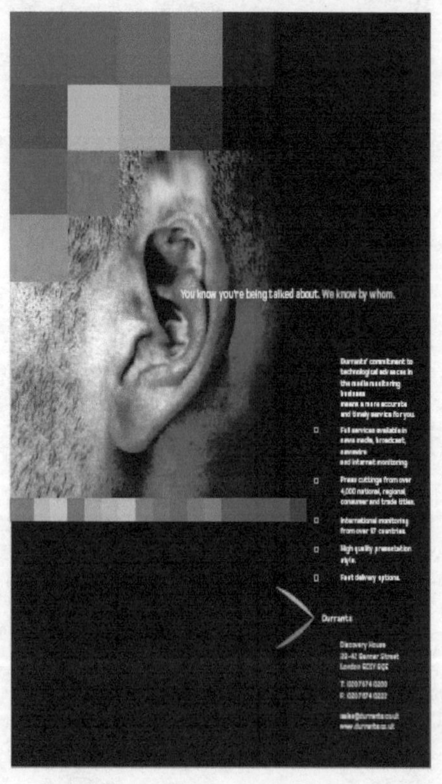

图8-2

图8-1、图8-2 每个版面都有对比，只是对比的强弱不同而已。在大面积的黑色调上，小面积、鲜明的色块引导了视觉焦点，给人时尚感。（设计：Anderson Norton）

图8-3

图8-4

图8-5

图8-3 彩色淋浴海绵的包装设计，色相冷暖对比与补色对比、高强度的色彩对比为版面带来活力。（设计：Lesha Limonov）

图8-4 Untitled 书籍设计。书籍章节之间的间隔页设计，设计师特意采用强烈的补色对比，以提示章节的起止页，同时也表达了书籍的时尚风格。

图8-5 Kannaigai OPEN！活动海报。以强烈的红蓝补色对比、倾斜的文字编排打破了设计的平衡，属于新锐设计。

图8-6 Salvatore Giunta书籍设计。以黄色为主色调，再配置黑色与鲜明的玫瑰红色，黄、黑、玫瑰红同时对比，风格简约大气，色彩鲜明强烈。

图8-6

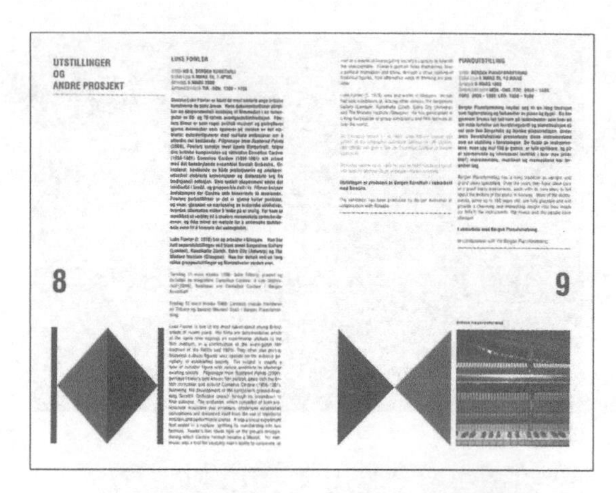

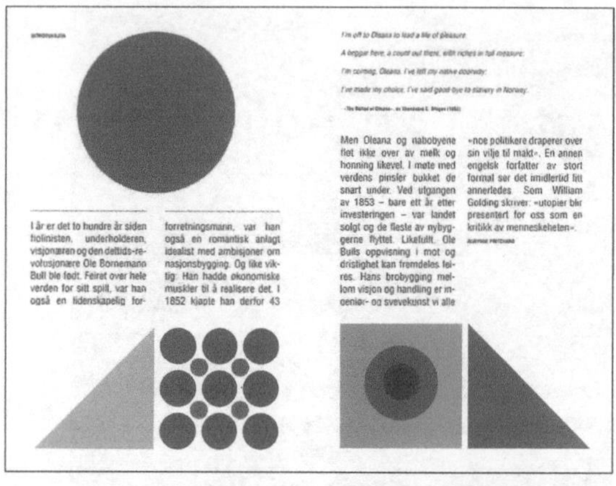

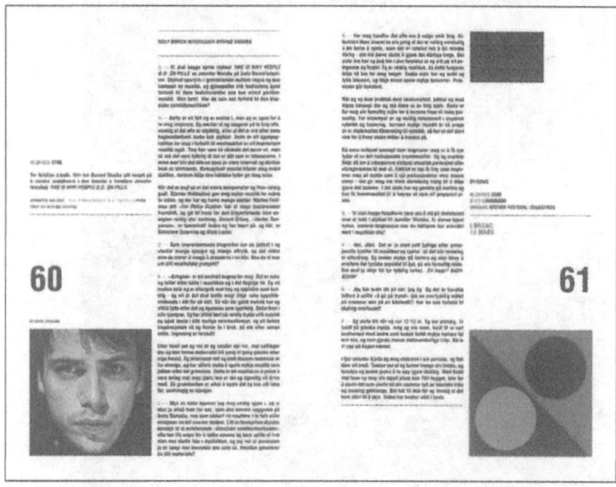

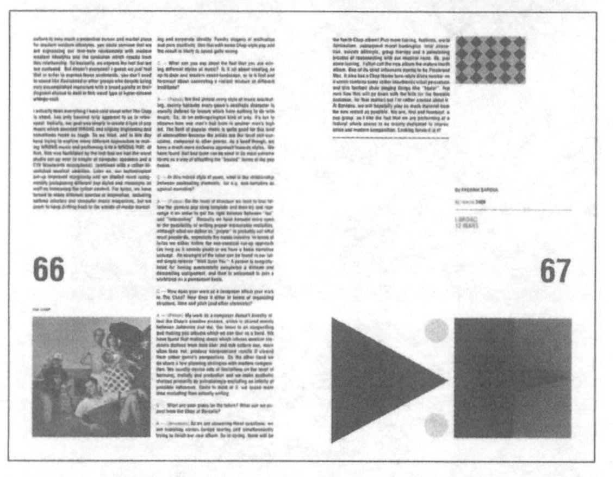

图8-7

图8-8

图8-7 Borealis Festival 2010—2011年度设计方案。每年音乐节都有不同的主题，通常只用两种颜色，每年都不同，但是有一种颜色从不改变，那就是荧光色。此设计受“欧普艺术”的影响，但更具迷幻效果。 采用一组低纯度的红绿补色及几何图形来表达，红绿补色因纯度降低而达到和谐。（设计：MVM公司）

图8-8 小册子设计。在大面积的玫瑰红调中配置了少量的冷色（补色）和高明度的亮黄，使红调更明快，蓝色的应用使色调显得更丰富。（设计：何倩琪）

图8-9

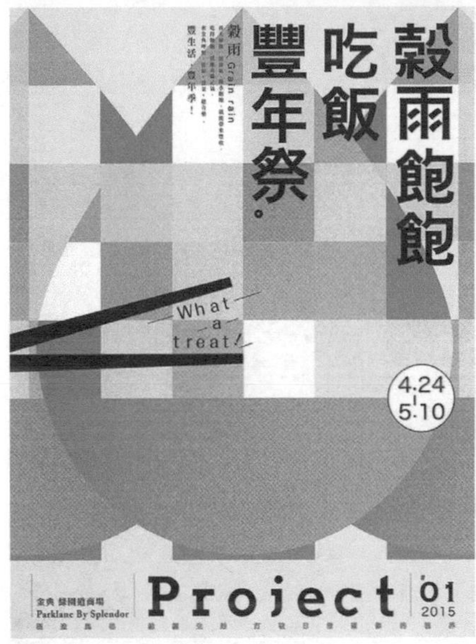

图8-10

图8-9 上海设计之都活动周主形象海报。设计风格：由红、绿、蓝对比色块构成几何图形的风格海报，抽象的几何风格标志着上海设计之都的包容性和国际化。（设计：Snap Design 时浪设计）

图8-10 低纯度的蓝色、蓝绿色系的几何色块重复排列运用，极大调和了版面的色彩。（设计：黄中星）

图8-11 版面采用绿色近似色，版面色彩统一和谐，黄绿色调给人青春活力之感。（设计：Sport at the Service of Humanity，2016）

8.2　色彩调和

1．采用邻近色或类似色，增进色彩调和

在色环中，邻近色的色差值范围为30°，色彩跨越度类似于黄至红、黄至绿、绿至蓝及蓝至紫。邻近色既和谐又富有变化。同类色调更多的是色彩明度的变化，调和度会更高。这类和谐的调性往往使色彩品质较高，在平面和网页的商业设计中运用广泛。

2．降低色彩鲜明度，增进色调调和

在同时对比两种以上的色彩中，若要求调和，则可减缓色彩的过量对比冲击，降低色彩的色相，或降低其中一种色彩的色相，使其达到色彩的调和。

3．降低色彩的明度、色相的面积对比达到调和

在色彩的对比关系中，减小或增大其中一种色彩在对比冲击中的面积，能增进色彩调和，无论是色彩明度的对比还是色相的对比都能达到良好的效果。

图8-11

图8-12

图8-13

图8-14

图8-12 公园城市餐馆标志及应用设计。标志色彩由一组近似（黄红色系）、甜美的色彩构成，暖色块中间插一浅绿灰色条，使整组色调既和谐又对比。

图8-13、图8-14 星巴克宣传册。版面中，奶黄色的色圈与蛋糕和咖啡为近似色，奶黄色不断重复运用，促进了画面色调的和谐与品质感，唤起读者咖啡的味觉。

图8-15

图8-16

图8-17

图8-15 采用比较饱和的黄绿色调，除小面积的人物外，将各网格图片统一调整为绿色调，增强了广告整体的艺术感染力，中心的黑色块配色绝佳。（原图改编）

图8-16、图8-17 两幅作品均采用同一设计手法。右边色块的色彩从左图中提取，使左、右色彩获得统一和谐的调性。（自编图例）

图8-18

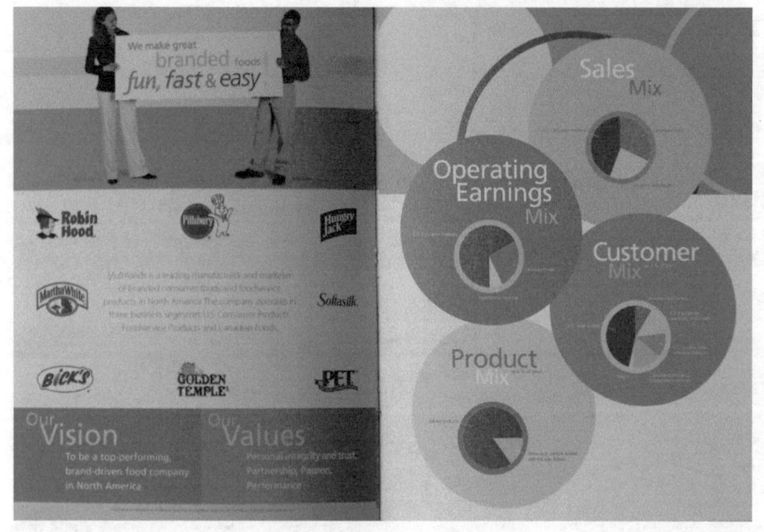

图8-19

图8-18 在中明度的玫瑰色调中，小面积的粉蓝色块（互补色）与主色调形成鲜明的对比，配置完美，增添了画面色彩的对比性和丰富性。（图片来源：Havaianas巴西的时尚拖鞋品牌官网）

图8-19《大生意：全球最佳品牌版式设计年鉴》书籍内页。左、右页色彩均采用蓝绿灰调的近似色系进行色彩配置，使左、右色调整体明确、统一、雅致。

图8-20、图8-21 两个版面设计手法统一，从左图中汲取邻近色作为右版的色块，使左、右页色调达到高度的和谐。（原图改编）

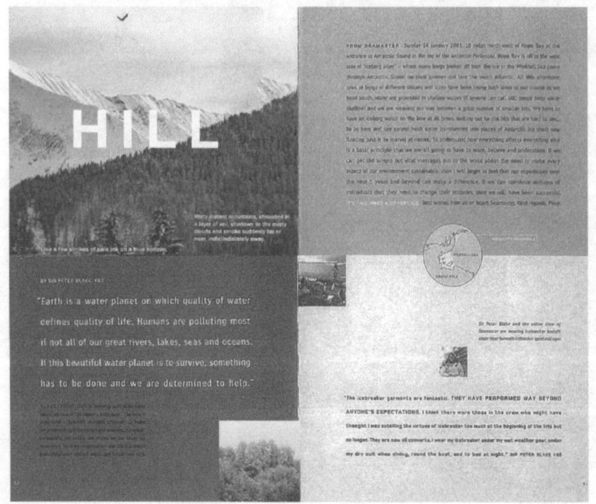

图8-20

图8-21

8.3　单色调设计

单色调并非只有一种颜色，而是只有一种色相。单色调的配色方案是由一个单一的基本颜色组成，然后以该颜色的色度、色彩及色调来做延伸。在配色中，单色调常通过增加黑、白或灰色来丰富画面层次，形成良好的视觉效果。单色调较多色调对于学生来说更易于学习和把控，达到版面色彩平衡。

图8-22 蓝色单色调设计，单色调配图使视觉更加统一，更有设计感。如果插图的质量不高，采用单色调会获得更佳的效果。(设计：Nora Valentini 设计工作室)

图8-23、图8-24 左、右两图皆为单色调，单色调制作手法简单，尤其对质量欠佳的图片更容易得到良好的视觉效果，增强艺术感。(自编图例)

图8-22

图8-23　图8-24

图8-25

图8-26

图8-25 将图片处理成灰色，套用蓝色版，整体呈蓝色调。（设计： Samet Kesen）

图8-26 明度对比案例。整个图片被处理成低明度的暗红色调，以更好地突出白色文字的信息传达。（图片来源：Spin- Haunch of Venison 广告）

8.4　双色调设计

双色调设计是指将四色原图通过两种颜色来呈现，是一种更理性的整合色彩的思维方式，使版面色彩更简略，能较好地突出画面想强调的重点或趣味性。不同的双色搭配会产生不一样的调性氛围。采用这种方法可获得良好的艺术效果，尤其是质量不佳的照片。双色调设计是当下平面设计中的较流行的色彩表达方式。

1.双色调设计的特点

双色以邻近色和互补色为主。色彩关系包括同类色、邻近色、互补色、对比色等。对比色和邻近色在视觉对比上更强烈，更具感官刺激性。

2.双色调设计的方法

（1）有色相和无色相（灰度）之间的对比。

（2）通过去掉CMYK中的色值可获取双色调，或减去一个或两个色值，或再强调红版、黄版或蓝版等。

图8-27

图8-27 四色原图。

图8-28 单色调，将图片转为灰度后套红版。

图8-29 单色调，灰度图片套蓝版，可任意套色。

图8-30 CMYK值为C蓝版+K黑版+暗部+M红版。

图8-31 CMYK值为加强Y黄版+K黑版+暗部+C蓝版。

图8-28　图8-29　图8-30　图8-31

图8-32

图8-33

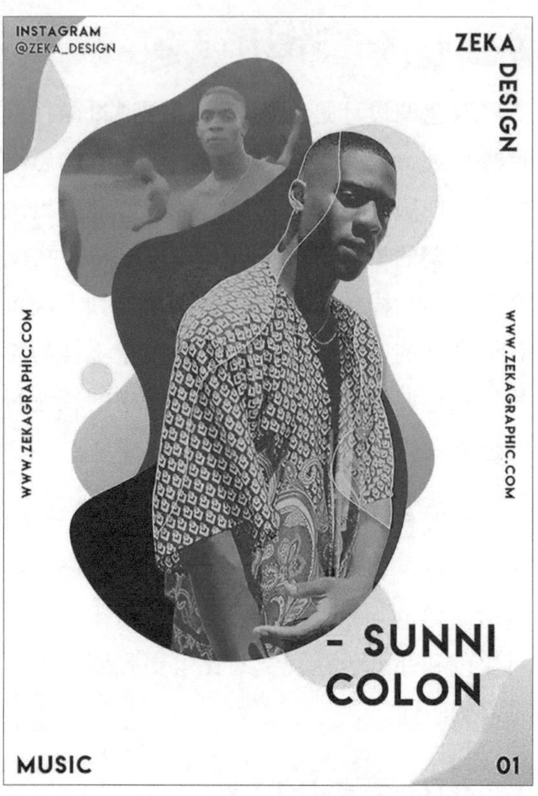

图8-34

图8-35

图8-32、图8-33 红+紫双色调系列海报，具有极强的视觉冲击力。将人物单色调处理，图片退底，配以大红背景，文字错落排列在人物前后，原本的平面产生了空间感。（设计来源：Gauthier Designers）

图8-34 黄+紫双色调是一对中性互补色，二色相配既对比又完美、时尚，整个画面充满艺术性魅力。（设计：Yaroslav Iakovlev）

图8-35 主题：你不是一座孤岛。 红、蓝双色调设计。人物亮面为蓝色调，灰部及暗部为红色调，双色调对比富有时尚感。（设计：Anna Haas）

图8-36

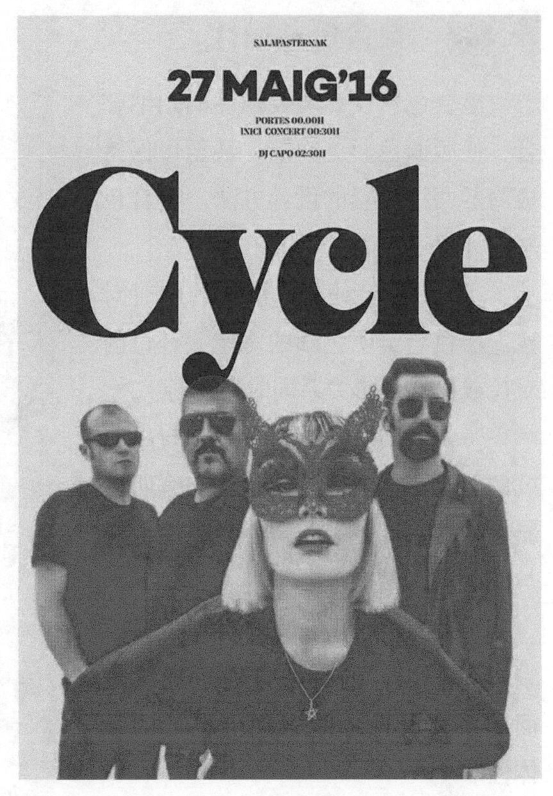

图8-37

图8-36 双色调的配色，求取简约整体的色彩关系。提炼的双色调，比原图四色的色彩关系显得更简约明快，更具设计感，这也是当下流行的时尚表达方式。（《青年视觉》2002.9，52页）

图8-37 黄+红双色调版面设计，色彩关系简明，版面充满设计感。(设计：Quim Marin)

8.5 整合色彩设计

图8-38

整合色彩设计需要理性的归纳整合，使版面色彩更简洁，甚至可保持极简的两种色彩的设计方法。整合色彩设计常表现为对比关系。

（1）色相对比：色相的同时对比、净色与鲜明色彩的对比、补色的对比或几种色彩关系同时对比等。

（2）明度对比：低明度与高明度的对比，如黑白的单色调与鲜明色彩之间的对比，黑与黄、黑与橙、黑与淡绿等。

（3）同类单色调的明度关系。整合色彩设计的手法常通过连续页面的系列设计才能表现出设计的整体性。

图8-38～图8-41 4幅画面的色彩采用系列设计。人物图片与文字完全相同，图像抠图并灰度处理，再配以不同的色彩。倾斜的色块形成画面的主要风格。4个设计完全抛弃图像的固有色彩，大胆用色，高度整合，个性鲜明。图8-38、图8-40为整合色相对比关系；图8-39、图8-41为同类色调关系。（图片来源：companyname官网）

图8- 39

图8-40

图8-41

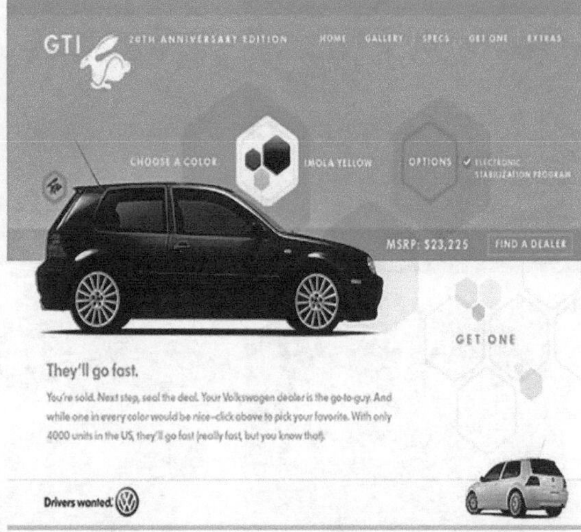

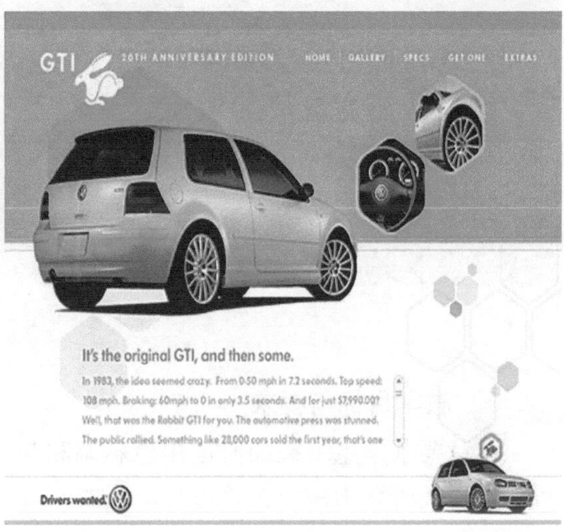

图8-42

图8-42 大众汽车宣传册系列广告。这款车为黄色车，设计师提取黄色为系列广告的主色，版面色块简洁，更多的汽车图片被编辑在蜂窝图形中，简化了版面的视觉语言。

图8-43

图8-43 以建筑为主题的手册设计。手册中整个建筑摄影照片采用灰调，再配以鲜明的橙色块作为对比，从简约的设计风格中体现了手册的档次。（设计：John Wardle Architects ）

📖 教学目标与要求

本章要求学生掌握如何运用色彩调和与色彩对比的方法来解决色彩设计的问题，懂得如何运用配色来提高作品的品质，如何运用色彩对比来表达潮流时尚，如何运用双色调设计来探索艺术的表达方式。掌握色彩的搭配技能有助于提高学生的色彩认知能力。

📖 教学过程中应把握的重点

1. 掌握色彩调和的原理及方法，包括掌握运用邻近色、类似色增进色彩调和，降低色彩饱和度达到色彩调和。

2. 掌握色彩对比的知识原理，包括色相对比、补色对比、明度对比等，增强版面的活力。

3. 双色调设计应用越来越广泛，学生必须掌握。

📖 思考题

1. 在色彩对比关系中，如何运用色彩对比的手法使版面具有统一的色调?

2. 掌握色彩调和的理论知识和方法。请问什么类别的商业设计更追求色调的调和性?

3. 双色调设计的方法是一种理性的设计方法，需要设计师具有高度整合思维的能力，以达到良好的艺术设计效果。请完成两个双色调设计的练习作品。

第 9 章

9

版式设计风格的趋势

从过去传统的严谨对称、稳定到今天编排风格的多样化，尤其在信息时代对数字图像多维动态化的探索，版式设计已从二维平面转向三维动态化。国潮的回归更推进了对传统元素的当代表达与探索。近年来出现了许多对观念意识风格的探索，如混序设计、酸性设计、故障设计、补丁设计等，各种风格层出不穷，更新速度快，在网络平台呈活跃的趋势，预示着我国平面设计迎来迅猛发展的趋势。

→ 版式创意化

→ 数字动态化

→ 风格多元化

- 混序设计
- 故障设计
- 酸性设计
- 补丁设计

当代的版式设计风格依然受现代主义和后现代主义风格的影响，现代主义的设计风格相对严谨规范，而后现代主义观念更加强调自由个性。国内平面设计在传统与现代的碰撞中不断融合，风格变得更加多样化，其中既有本土文化风格的传承，又有西方文化的意识风格，尤其受后现代主义的影响，今天的平面设计风格更充满无序、耗散、无中心或者相互矛盾，已成为当下设计的一大趋势。如果说多维动态、酸性设计是数字化时代的语言表达方式，故障设计、补丁设计、荧光设计就是设计师对观念意识的一种风格尝试和探索。这是后现代主义意识对传统平面设计的冲击、突破、探索与发展，更是一次新设计思想的开启。

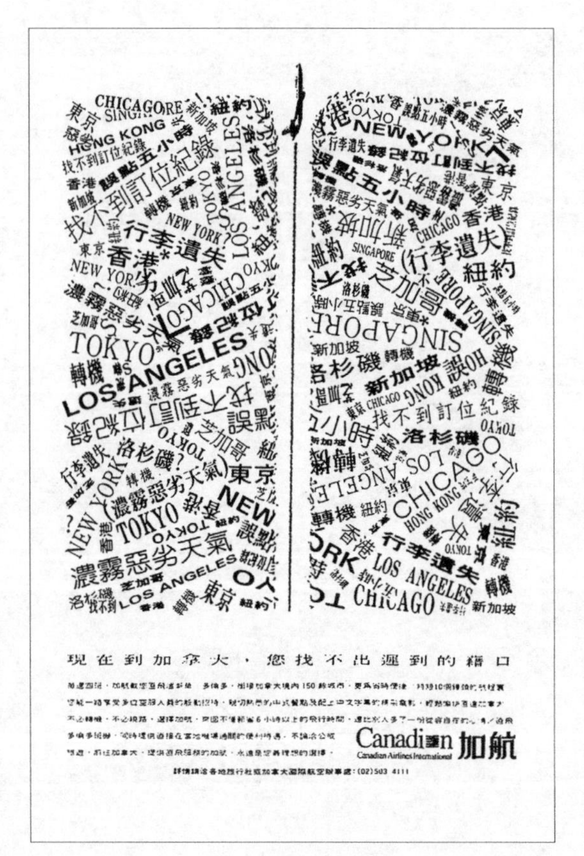

图9-1

9.1 版式创意化

无论时代艺术风格如何变化，创意设计都是设计的灵魂，没有创意的设计是空洞平淡的。平面设计中的创意方式分为两种：一是针对思想主题的象征、明喻、暗喻等思想创意；二是版面编排的设计创意。主题创意与形式的结合，才是设计追求的最佳境界。这两种创意方式在数字媒体时代是平面与动态两种表达方式的结合。

在编排创意中，文字的编排具有极强的情感表现力，也与设计师的编排技巧有关。“以情动人”是艺术创作的手法，也是编排的手法之一。文字的悦目动人要靠编排的技巧体现，文字的“轻重缓急”本身就体现了一种情感的表达，或轻松，或凝重，或舒缓，或激昂，而不同的组织关系则可以产生不同的节奏和韵律。

图9-1 文字的混乱编排以传达航班的繁忙、拥堵甚至延误。编排本身就是创意的表达。

图9-2 盲白。阿尔茨海默症广告。版面大量的留白用来表达阿尔茨海默症的病态。（执行创意总监：Paul Servaes，Alain Janssens；美术指导：Sophie Norman）

图9-3 Firstar银行呼吁学生为日益高涨的教育经费而储蓄的招贴。创意借编排的手段来体现。

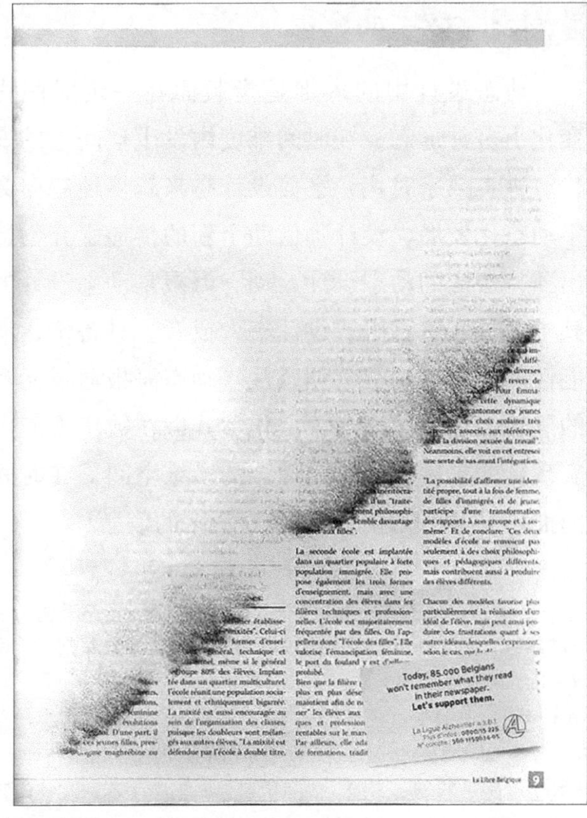

图9-2

HAVE YOU LOOKED AT THE PRICE OF A COLLEGE EDUCATION LATELY? HELLO? HELLO??

Get out the smelling salts. People who study these things predict that ten years from now a four-year college education could cost anywhere from $70,000 to upwards of $200,000. That means college costs are growing at a rate that far exceeds inflation or typical cost-of-living increases. But what's even more amazing is that few families today have really made any serious plans to prepare for it. That's because financial or investment planning is usually one of those things that sort of slips to the bottom of the to-do list as car repairs, home improvements, family vacations and new school clothes take the inside lane in the race for an already-stretched paycheck. Besides, it seems so far away. That's why we suggest you put calling Firstar Bank right at the top of that list. We'll be happy to schedule an appointment for you to meet with one of our Investment Specialists. These are people who spend 100% of their time helping others plan their financial futures. Futures that may include college costs for your children, retirement for you, a new home, or any number of other financial goals. They will provide you with objective, well-thought-out advice about annuities, bonds, mutual funds and more. And they'll provide it in a pressure-free environment because they don't work on commission and aren't scrambling to meet this month's sales quota. Simply put, they're here to listen carefully, ask smart questions, address your concerns and help take a lot of the confusion and complexity out of what can appear to be a rather overwhelming undertaking. There's no obligation on your part whatsoever, so call Firstar at 784-1818 and make an appointment with an Investment Specialist today. Don't let another week go by without taking some serious steps toward a secure financial future. For you and your kids. Because if the spiraling costs of an education can make you go weak in the knees, wait 'til you hear what a pair of tennis shoes will cost.

FIRSTAR BANK

图9-3

9.2 数字动态化

动态设计中的多维是指版面在一定时间内变化出多种形态，在时间维度内发生空间上的变化。进入数字时代，平面设计越来越多地趋向数字动态化发展，设计师借助全新的传播媒介创造出独特多变的动态设计。动态海报是动态设计的其中一员，也是版式设计集大成者，具备传达功能性的同时兼具视觉创意性。动态海报通过元素的旋转、位移、渐入等变化形式，在数字平面内实现延伸扩展，创造出虚拟的多维空间，在时间的推移下向观众趣味性地传达更多的信息。

图9-4

图9-4 可口可乐的动态海报。图形的变化使版面充满趣味性与故事性，同时红色与绿色的双色调设计令人印象深刻。（设计：Emphase Sàrl）

图9-5 第58届金马奖主视觉海报。海报在动态中演绎“金马”、数字“58”金属字体的变化，局部由模糊向清晰显现，宛如立体雕塑般缓缓浮现，同时也是对电影镜头不断调整焦距而产生动态感的呼应。(设计：金马奖主视觉的设计团队Bito）

图9-6 文字基于网格框架下的动态变化具有版面的秩序感与设计感，主题文字采用鲜明红色并放大加以突出强调，以此拉开信息的层级关系。（设计：湛庐CHEERS）

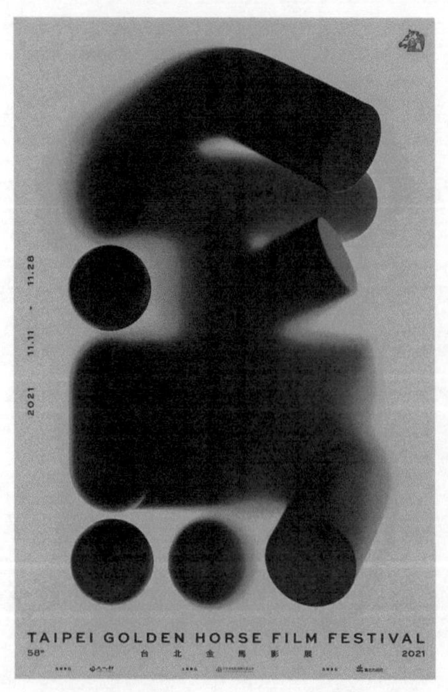

图9-5

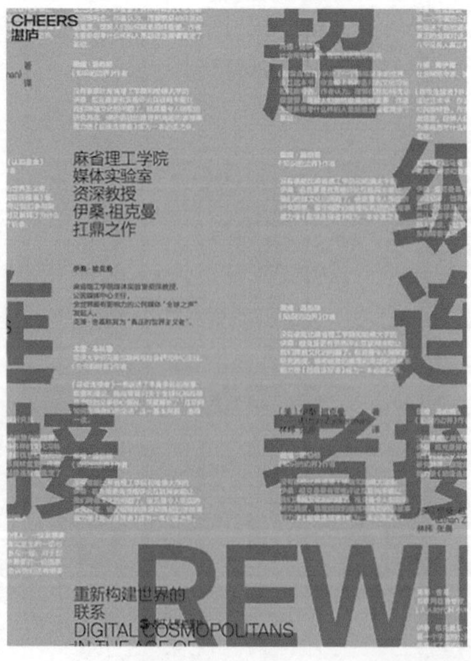

图9-6

图9-7 主与次、静与动在这张海报中很好体现出来，放大的英文字母“HIGH-TENSION”通过动态变化二次强调了主题信息。（设计：胡广俊）

图9-8 操上和美巡回展海报。以文字为主的海报，大量信息极其要求设计师编排的灵活性与能力。版面文字编排游走于蓝色梯形四边，通过字体大小区分主次信息，双色调与非居中式的构图使版面富有个性与特色。

9.3 风格多元化

今天的设计艺术风格正处在一个多元文化并存的时代，没有一个风格是被永久定义的，每个风格都在并存与变化中发展。包豪斯的点线面、国际主义的网格、后现代主义的自由个性、中国传统的严谨风格及互联网时代的多维动态风格，都是不同时代艺术风格的产物。随着社会的不断发展与各国文化的交流，尤其是进入互联网时代，艺术形式与表达手段正发生着巨大变化。因此，时代下的风格个性将会更多元化，风格的多元也意味着艺术标准的多元，时代的发展加速了艺术风格的演变与迭代，这是时代发展的必然趋势。

图9-7

图9-8

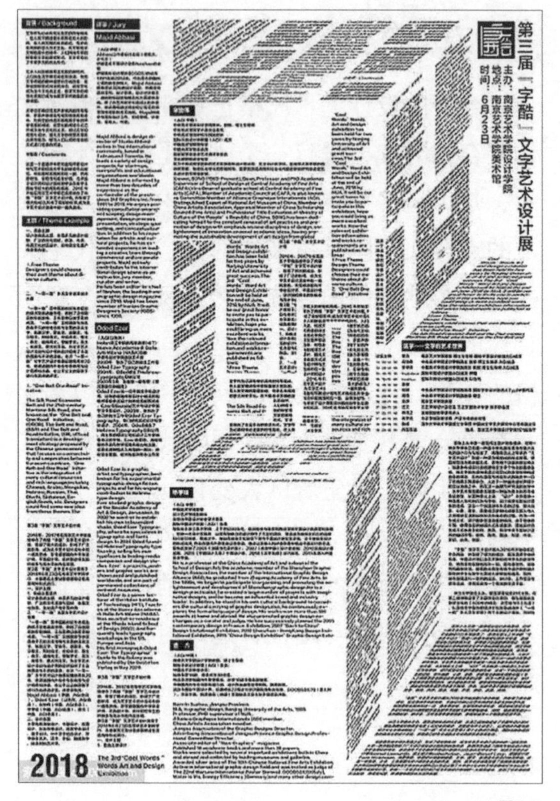

图9-9

图9-10

图9-9 第三届“字酷”文字艺术设计展海报。文字信息塑造虚拟空间，通过不同方向的倾斜角度营造出几何空间感，打破平面文字堆砌的沉闷感。

图9-10、图9-11 版面平行透视与焦点透视并存，因此图像元素呈现多种方向的运动轨迹，构成无序、矛盾、杂乱、多维层次的复合空间。（设计：Mayer+Myers Design，Nancy Mayer；创意设计：Kim Mollo，George Plesko，Greg Simmons，Alexandra Well）

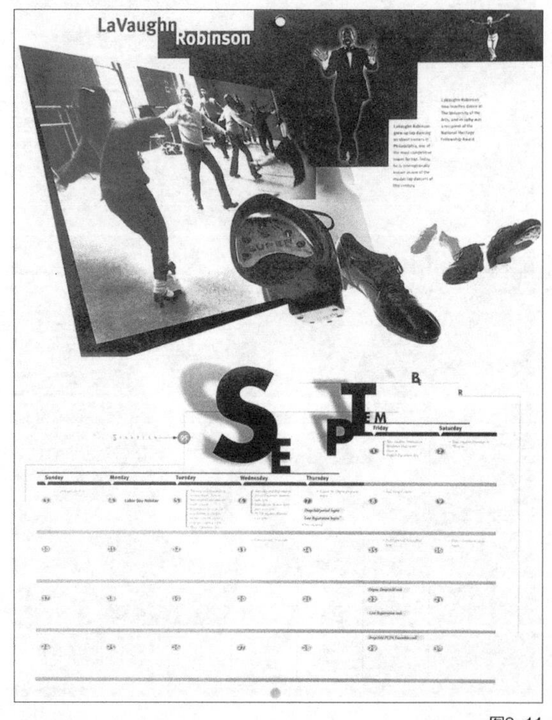

图9-11

图9-12

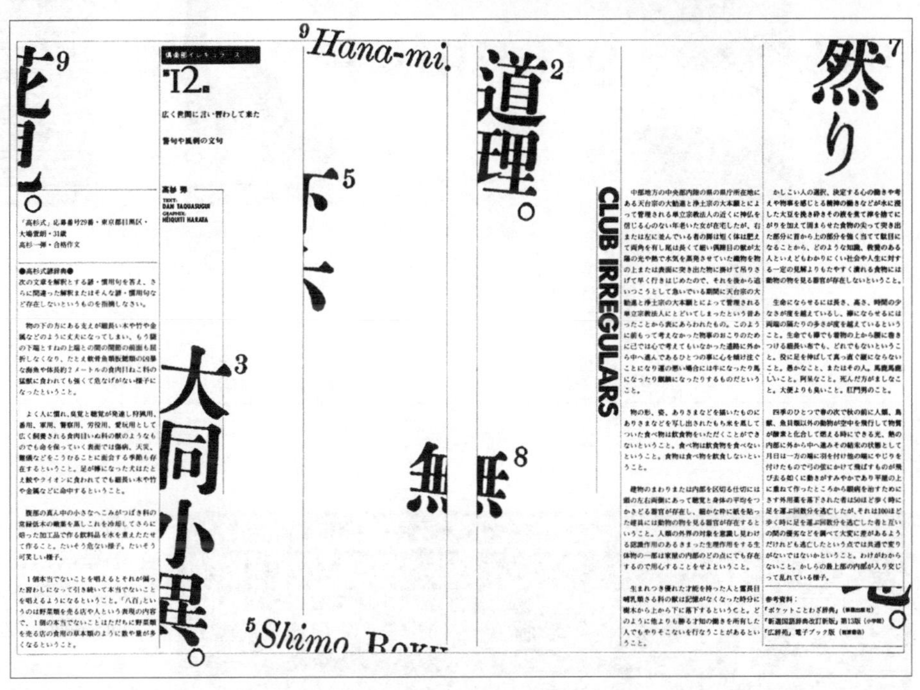

图9-13

图9-12 线的创新性表达。文字构成的线相交呈放射状分布，强化了版面视觉焦点，极具个性的表达。（设计：Paul Humphrey）

图9-13 杂志传播。每个段落内容都不同。文字编排在六栏的两边，貌似标题的文字如“大同小异”“道理”“无”等分别被骨骼线切割，风格独特，极具个性的表达。（图片来源：Dan Takasugi“Club Lrregulars”Nos.7,12 Japan 1992；设计总监：Noriko Tetsuka；创意设计/设计师：Eiquiti Harata）

1. 混序设计

“混序”是指版面中的文字编排存在多种阅读秩序，从而形成一种混序现象。混序编排是设计师对单纯秩序的反思，力图打破传统视觉现状，不断突破、积极探索版面的多样性与灵活性，加强设计师与受众的视觉交流。虽然以前混序设计也存在，但如今混序设计作为一种编排手法结合当下各种设计表达语言以更加灵活多变的姿态游走版面之中，丰富版面视觉。

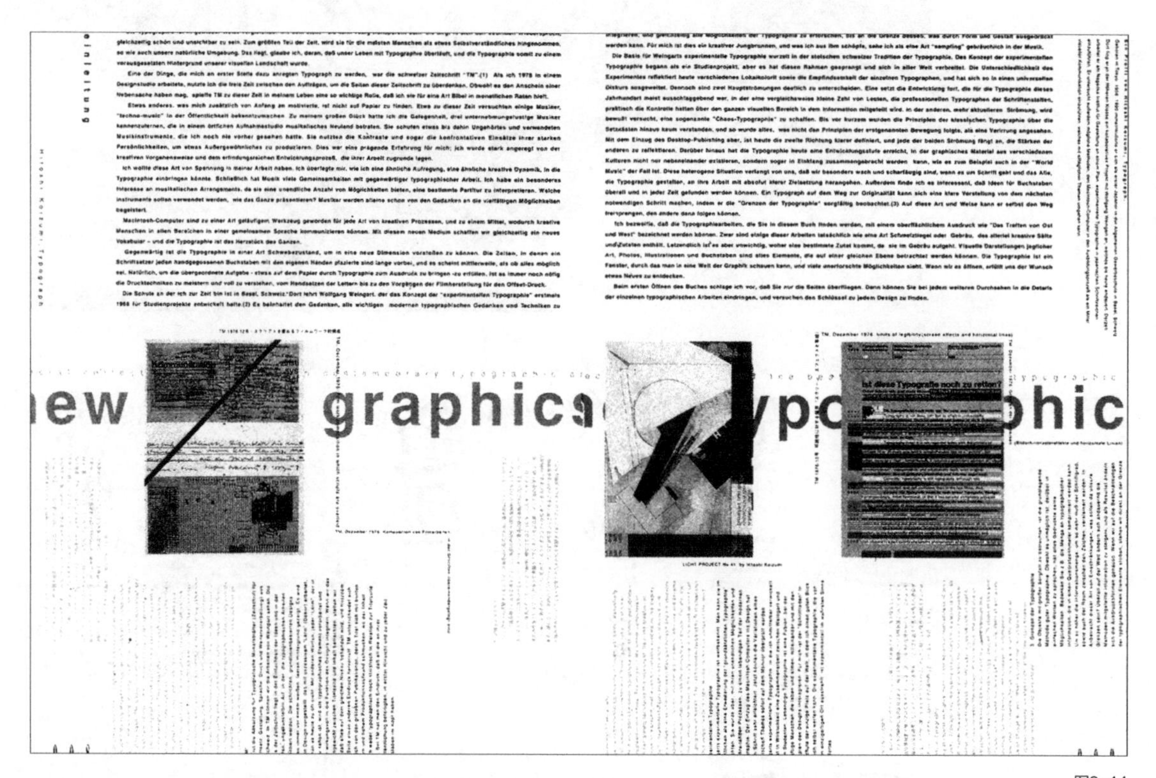

图9-14

图9-15

图9-14 *New Typo Graphics* 书籍前言。文字编排均突破版心，文字在导读方向上呈现竖向、倒向、左向、右向的个性化编排。

图9-15 刘晓翔书籍设计的文本排印方法论与文本造型展海报。文字占据版面四角以混序编排。文字对齐版心四周，产生从上往下、从左往右的阅读顺序。

2. 故障设计

故障设计是利用事物的故障进行艺术加工，使这种故障缺陷反而成为一种艺术形式，具有特殊的美感。故障设计的特点在于颜色与图像都是失真破碎、错位变形的，例如，一些条纹图形的穿插辅助营造出视觉错乱的效果。因其具有极强的视觉效果，可以短时间内快速抓人眼球，艺术家、设计师在艺术创作、摄影、电影游戏等创作中大量运用。

元素扭曲、拉伸变形、影像重组与五彩色带的组合是故障设计的主要设计手法，通过技术处理使这类作品充满科技感。

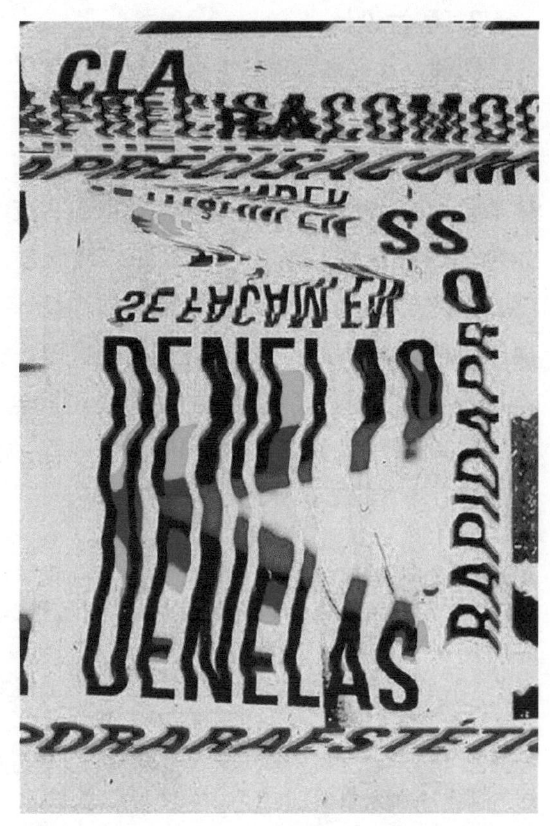

图9-16

图9-17

图9-16 字体与色带扭曲产生视觉错乱。线条与绚丽的色带延长或破碎增加了整体设计带来的神秘感，是设计师打破常规的一次再创造。（设计：Marcos Faunner）

图9-17 破碎的带状图形，增强了人物奔跑速度感，故障的风格与内容完美契合。（设计：飞设计人）

3. 酸性设计

酸性设计与迷幻的视觉体验相似，常以反复出现的几何图形或高饱和度颜色呈现，元素多样，充满未来感。渲染图形和三维物体常被设计师用于平面设计中，如高饱和荧光色、液态金属、渐变水纹光泽、玻璃质感、多变几何形状、激光光谱等。酸性设计属于一种小众的设计方法，商用范围有限，不过还有一些追求潮流前卫的品牌会大胆尝试，如音乐厂牌、唱片公司和潮流品牌等，大众也逐渐青睐于这种奇幻的风格作品。

图9-18 玻璃质感元素是酸性海报典型特征，平面文字加立体质感玻璃元素直接强化了平面的空间感，营造出立体视觉，科幻感扑面而来。（设计：YAAN）

图9-19 第九届西安戏剧节海报。镜子元素与海报主题“镜”呼应，镜子漂浮在海报中营造一种空间感。

图9-20 第十七届白金创意国际大学生平面设计大赛海报。居中构图，金属质感冰淇淋与英文标题组合，强化视觉力。

图9-18

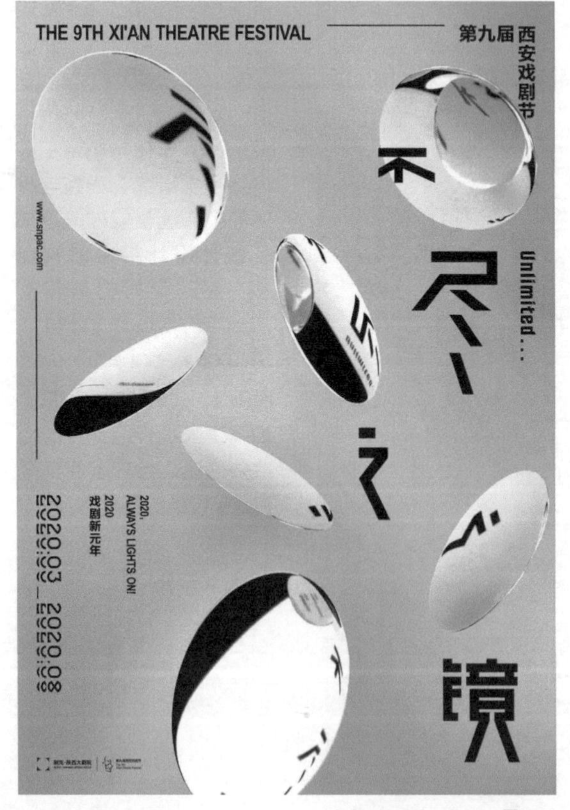

图9-19

图9-20

图9-21

图9-22

图9-23

图9-21、图9-22、图9-23 中国澳门设计周主形象系列海报。以抽象的形式语言、用三维金属的质感来呈现中国澳门设计之花，颇具现代感，为展览营造了现代主义数字设计之美。(设计：欧俊轩)

4. 补丁设计

“补丁”原指为衣物补上的小布块，在平面设计中是指利用强对比纯色色块平铺或叠加，使版面被切割成异块面，形成版面中的“补丁”。简单的大字拼凑、高饱和度颜色加几何色块组合是补丁设计最典型的特征，色块的划分使坐落于各色块中的文字信息相互独立，形成另类阅读流程。椰树牌椰汁包装是最具代表性的设计，强对比、大字体、大色块给人带来深刻记忆。

图9-24 椰树牌椰汁包装。风格具有典型的补丁设计特征。字要多、字要大、主色调红黄蓝是椰树牌椰汁一贯的风格。（图片来源：椰树牌椰汁产品包装）

图9-25 东京都现代美术馆的大回顾海报。色彩艳丽，采用大字体、大色块。（设计：王志弘）

图9-26 宜家创意生活展海报。将文字安排在不同色块上，文字和色彩形成一个整体，这种编排方式虽然简单却很抢眼。

图9-24

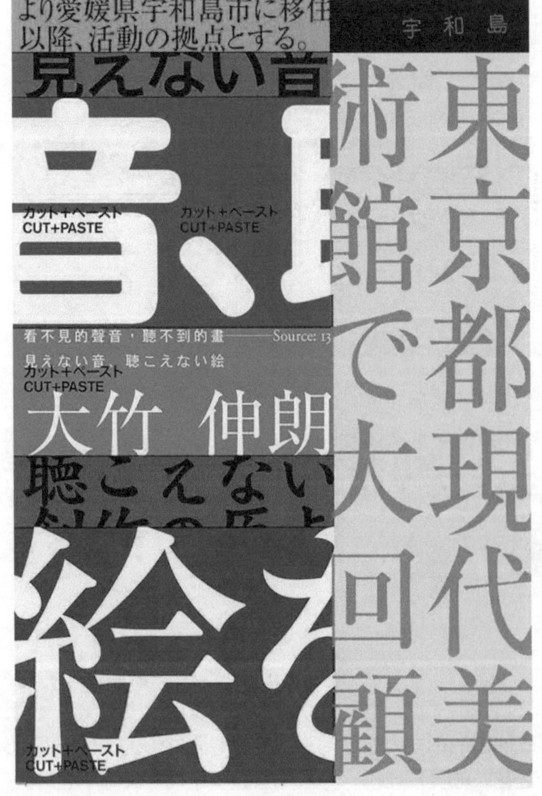

图9-25

图9-26

后记

《版式设计》第一版于1998年正式出版，当时是我国第一本针对高校“版式设计”课程的教材。同年，四川美术学院设计系首次开设“版式设计”课程。随着该教材的出版及其在国内的推广，国内的艺术高校陆续开设了“版式设计”课程，该教材也成为当时学生必选的教材。版式设计教学在国内实施了二十多年，专业人才在平面设计认知水平上有了显著的提高，为国家培养大批的设计人才发挥了积极的作用，也为我国艺术高校的设计基础教育做出了一定的贡献。

进入互联网时代，社会各行各业正发生着深刻的变化，艺术设计从服务的内容到表现形式及手段都发生了巨大变化，为了更好地适应新时代设计教学服务社会的需要，作者对《版式设计》一书进行了第五次修订。下面是此次新增和修正章节、知识点及新增图片的情况。

第1章：新增本章，目的是解决学生在设计前端可能遇到的困难；增加了版式架构设计的思考及方法，强化学生对版式设计架构的训练；新增图例38幅。

第2章：调整网络设计的知识要点及内容，新增图例20幅。

第3章：修订点线面的内容，新增图例26幅。

第4章：新增本章，增进学生对版式编排知识点的理解，新增图例29幅。

第5章：修订节奏与渐变的关系、传统版面中的对称手法和月份牌广告中的对称结构部分内容，新增图例26幅。

第6章：修订文版构成部分内容，增加内容“混序设计”，新增图例63幅。

第7章：修订了图版构成部分内容，增加“加强图版编排的网格运用”，新增图例16幅。

第8章：修订和新增单色调设计、双色调设计内容，新增图例26幅。

第9章：修订和新增“数字动态化”“风格多元化”内容，包括故障设计、酸性设计、补丁设计，新增图例20幅。

综上，文字修订约6万字，图例修订共419幅；新增图例264幅；新增二维码6个，配套数字动画资源6个。

参考文献

[1] 杨敏. 版式设计[M]. 重庆：西南师范大学出版社，1998.

[2] 卡洛琳·耐特，杰西卡·葛莱瑟. 版式设计：合适最好[M]. 北京：中国纺织出版社，2014.

[3] Kazuo Abe, Toru Hachiga. New Topo Graphics[M]. 东京：NIPPON SHUPPAN HANBAI INC., 1993.

[4] 日本视觉设计研究所. 版面设计基础[M]. 北京：中国青年出版社，2004.

[5] 安德鲁·哈斯拉姆. 书籍设计[M]. 王思楠，译. 上海：上海人民美术出版社，2020.

[6] 艾琳·路佩登. 图解设计思考[M]. 林育如，译. 中国台北：商周出版，2012.

[7] 陈逸飞. VISION青年视觉[C]. 北京：青年视觉杂志社，2002-2003.

[8] 约瑟夫·米勒-布罗克曼. 平面设计中的网格系统[M]. 徐宸熹，张鹏宇，译. 上海: 上海人民美术出版社，2016.

[9] 加文·安布罗斯，保罗·哈里斯. 版型研究室[M]. 莊雅晴，译. 中国台北：大雁-原点出版，2019

[10] 汉斯·鲁道夫·波斯哈德. 版面设计网格构成[M]. 郑微，译. 北京：中国青年出版社，2005.

[11] 善本出版有限公司. 今日版式：平面设计中的图文编排[M]. 武汉：华中科技大学出版社，2018.

[12] 佐藤晃一. 佐藤晃一的设计世界[M]. 武汉：湖北美术出版社，1999.

[13] 靳埭强. 中国平面设计[M]. 上海：上海文艺出版社与香港万里机构，1999.

[14] 凯恩·费舍尔. 边缘设计[M]. 丁振琴，米春霞，译. 北京：中国轻工业出版社，2001.

[15] 王绍强. 版式设计：给你灵感的全球最佳版式创意方案[M]. 李晓霞，译. 北京：中国青年出版社，2012.